企业安全教育系列丛书

现场作业人员安全教育读本

华安天宇　编著

中国环境出版社·北京

图书在版编目（CIP）数据

现场作业人员安全教育读本/华安天宇编著．－北京：中国环境出版社，2013．3
（企业安全教育系列丛书）
ISBN 978－7－5111－1367－2

Ⅰ．①现… Ⅱ．①华… Ⅲ．①企业管理－安全生产－安全教育－基本知识 Ⅳ．①X925

中国版本图书馆 CIP 数据核字（2013）第 044677 号

出 版 人：王新程
责任编辑：张维平
封面设计：韩海丽

出版发行：中国环境出版社
（100062 北京东城区广渠门内大街 16 号）
网 址：http：//www.cesp.com.cn
联系电话：010－67112765（编辑管理部）
发行热线：010－67125803，010－67113405（传真）
印 刷：北京市联华印刷厂
经 销：各地新华书店
版 次：2013 年 4 月第 1 版
印 次：2013 年 4 月第 1 次印刷
开 本：880×1230 1/32
印 张：6.5
字 数：140 千字
定 价：20.00 元

编委会

序 言

当前，企业面临激烈的市场竞争。为在竞争中站稳脚跟并寻求发展，单纯地追求外部条件的改善已经行不通。重视企业的内部管理、加强企业自身建设、苦练“内功”、树立良好企业形象为许多企业所选择。现场作业人员安全作为全面提高企业基础管理的突破口，其作用越来越引起广泛的重视。

在这种新形势下，安全生产工作如何寻求与企业发展的热点相结合，从而推动安全生产工作向前发展，是从事现场作业工作的人员值得认真思索的问题。

现场是各种生产要素的集合，是企业各项管理功能的“聚焦点”，作业现场涉及企业的方方面面，企业管理好不好关键是看作业现场是不是规范。在一个作业现场混乱的企业里面很难生产出高质量的产品，现场作业最重要的特点就是有序化，即各项管理功能有序化和人的行为有序化。有序化的生产经营活动，才能减少现场施工差错、防止人为失误，才能极大地提高生产和工作效率。

当前，市场经济的大潮正冲击着社会的各个方面。面临优胜劣汰的市场竞争，企业的生存和发展是首要的任务。在这种新形势下，不能因为企业重视安全而以老大自居，也不能因为无暇顾及而无所事事，安全工作应该主动出击，寻求与企业生存和发展的结合，与企业同呼吸、共命运。因为企业发展，安全生产才有条件发展，企业搞好，安全生产才有条件搞好。现阶段，安全工作抓住现场作业安全这个热点，以安全评价的思想和方法来指导现场管理，以现场作业安全来促安全生产，必将开拓出安全生产和安全管理工作的新局面。

目 录

·第一章·

现场作业安全依靠制度来规范

第一节　作业安全需你我自觉遵守

一、整理的实施要领

整理是指区分要用与不用的物品，不用的坚决清离现场，只保留要用的。就生产现场来说，什么是要用的物品呢？要用的物品也指常用的物品，或指正在使用中的物品。如果一个月才用到一次的物品，就不能称为常用的物品，充其量只能称为偶尔要用的物品，这种物品就不应该留在制造现场。

整理的实施要领包括：

（1）对工作场所（范围）进行全面检查，包括看得到的和看不到的；

（2）制定“要”和“不要”的判别基准；

（3）不要的物品要清除；

（4）要的物品要调查使用频度，决定日常用量；

（5）每日自我检查。

常见问题包括：

（1）整理的一次性。很多人认为将不必要的物品清理后就完成任务了，实际并不是这样。“工完料净厂地清”实际就是要求每一项工作完成以后都要进行整理；另外，事物是变化的，如工具在使用一段时间后不能再用就要整理。

（2）责任不清（装糊涂），经常出现在两个部门之间。

（3）看不见地方的整理。包括死角、办公桌内、工具箱中、文件柜中、更衣箱中、电脑硬盘中的作废和过期文件。

（4）必要和不必要判别标准执行过程中的误区。

二、整顿自己的作业范围及物品

整顿是指把要用的物品按规定位置摆放整齐，并做好识别管理，确保无论是谁，随时都有可以拿到。

现场经过一番整理之后，不用的物品撤离现场，现场作业空间变大，货架空出，人行通道变宽，其实这才是第一步，紧接着要推进整顿，只有这样才能使整理所带来的良好开端进一步巩固、扩大。

整顿包含以下意思：

（1）生产要素的各就各位，即每一个生产要素都要在它自己应该存在的位置上才能发挥作用，换言之是定位管理。

（2）为了百分之百发挥每一个生产要素的作用，必须将其设置在最佳位置上。

（3）在以人为主体的生产活动中，其他生产要素定位到某个位置上，人才能最高效地展开工作。

（4）整顿是为了达到“新人和偶尔来本部门公干的人，都有能像其主人一样随时找到所需要的物品”。

（5）为了缩短查找时间和避免用错物品，需要对整理后的物品进行良好的标识管理，换言之是提高效率。

经过整理，留在现场里的物品都是近期要用的，但是这些要用的物品如果随意摆放，而且也没什么标记的话，那么其他同事取用时，就会出现以下情形：

（1）寻找过程浪费时间，找的时间比作业的时间还长。寻找本身不会产生价值。许多人都忽视了寻找也要花费时间，认为物品摆放乱一点没有关系，反正自己清楚在哪里就行了。对于间接部门来说，由于本来就缺乏时间方面的限制，有的人更是把寻找视为一项工作，不找还不舒服。

（2）一时没找着，物料接济不上，生产短暂停止。在不整顿的装配车间里经常遇上这种事。物料确实有收到，就是想不起来放在哪了，尤其是一些细小材料。

（3）误以为没有库存，而买回一大堆多余的东西，库存有增无减。盘点时如果实物数量无缘无故多出的话，原因很可能就是整顿欠佳，将物料藏在某个角落里，上次盘点时漏盘了。这种多出的物品，纯粹就是一种浪费，根本无法配对生产出产品。

（4）隐藏着不安全的因素。确保人身安全也是现场管理的目标之一。姑且不谈将易燃、易爆品随处摆放所隐藏的灾害，就是电源线和信号线的不合理布局都会导致设备失去控制。

（5）交货期滞后，给客户造成恶劣影响。“你再找找看，我记得就是放在那个货架上了！”，“怪事！明明放在这了，怎么就不见了呢?”，“你们给我听着，谁拿走了，赶快给我拿出来！”在现场听到这种口吻时，应该注意整顿是否到位。整顿不到位，其生产效率无法提高，一旦遇上紧急生产订单时，翻天覆地地到处找东西，十分被动，白白浪费不必要的时间。

（一）整顿的实施要领

（1）前一步骤整理的工作要落实；

（2）需要的物品明确放置场所；

（3）摆放整齐、有条不紊；

（4）地板画线定位；

（5）场所、物品标示；

（6）制定废弃物处理办法。

整顿的重点是要明确“三定”和“三要素”原则。

1.“三定”原则

（1）定位：材料及成品以分区、分架、分层来定位。

（2）定容：容器和颜色。各种物品、材料的规格不一，要用不同的容器来装载，如工装架；采用统一规定的颜色进行区分、划线、标示很重要，否则会造成混乱。

（3）定量：明确在每一定置区存放物品的数量是否合适很重要，很多人认为有定置区和定置线就可以，这是不对的。原则是在能满足需求和考虑经济成本的前提下越少越好。

2.“三要素”原则

（1）放置场所：物品的放置场所要100%符合“三定”要求，生产线附近只能放真正需要的物品。

（2）放置方法：易取，不超出所规定的范围。

（3）标识方法：放置场所和物品要一对一，区域标识和状态标识，在表示方法上多下功夫（如易更换）。

（二）整顿的推进方法

1.整理阶段就要实施彻底，不要留手尾

（1）整顿不用的物品毫无意义，白白浪费精力，现场中要用的物品只能最低限度放置。

（2）办公用品、小工具之类的物品尽量不要个人专用，要设法共用。

（3）人人都要参加，处处都要整理。

2. 设定放置场所

（1）放置在现场的哪一个地方最合适，在布局一开始就设计好。

（2）预先做一个现场小模型摆一摆，更容易发现问题所在。

（3）经常用的东西靠近该工序摆放。

（4）不要放任作业人员自主摆放，其结果是多半会被收藏起来。

（5）摆完之后试一试，看看是否能提高效率，不妥之处再改善。

3. 设定摆放方法

常见的摆放方法有画框、上货架、进箱、钻柜、吊起来等，各部门可以参照实际情况机动灵活掌握，只要高效即可。

需要分清是以功能区分摆放，还是按产品类别（系列）摆放。按功能区分摆放是指找出相近功能的物品，并设定一场所，将其全部摆放一起。按产品类别摆放是指在同一容器内，只摆放该产品在某一生产过程中所需的东西。

整理时舍不得扔，于是搬上天台摆放，任凭风吹雨淋，整顿失去意义！

4. 对物品进行识别

包括对物品的放置场所进行识别、对物品本身进行识别、利用账本记录进行识别。

（三）常见场所的整顿

1. 工装器具等频繁使用物品的整顿（架子车、L架、叉车等）

应遵循使用前能“马上取得”、使用后能“立刻归位”的原则。

（1）考虑能否将工装器具放置在离作业场所最近的地方，避免使用和归还时过多的步行和弯腰。

（2）在取用和归还之间，特别要重视归还。

（3）要使工装器具准确地归还原位。

2. 库房的整顿

以“三定”的原则进行整顿。

（1）定位：成品和材料以分区、分架、分层来区分；设置仓库总看板，使相关人员对现状的情况能一目了然；定位搬运工具，以便减少寻找的时间；严守仓库的门禁和发放时间。

（2）定量：相同标准的量具来取量；相同的物品，在包装方式和数量上要一致；设定最高限量基准。

（3）定容：各种材料要用不同的容器来装载。

3. 办公室的整顿

（1）工作区域：在门口处标示部门；办公室设备设施定位（电话、水壶、电扇等）；桌子玻璃板下物品统一规定，保持整洁；水池的卫生；办公桌内物品分门别类存放，按一定规则进行放置，以便找寻；长时间离位及下班后，桌上物品和椅子要归位，逐一确认后才离开。

（2）资料档案：整理所有的文件资料，并进行分类；文件内页引出纸或色纸，以便检索。

（3）资料柜：斜线定位表示。

（4）会议室和教室：所用物品（如椅子、烟灰缸、水杯等）要定位；设定责任者，定期查核点检。

4. 清扫用器的整顿

（1）放置场所：清扫用器一般较脏，勿置于明显处；清扫用具绝对不能放于配电房或主要出入口处。

（2）放置方法：悬挂式、地面定位。

5. 在产品的整顿

（1）严格规定在产品的存放数量和存放位置，并有清晰的标示。

（2）在产品堆放整齐，先进先出。

（3）合理的搬运。

（4）不合格品放置应有标示，不能随意堆放，防止误用，如不合格玻璃标识卡。

常见问题包括：

（1）“三定”思路不连贯。整顿时一定要注意，要有整体布局思路，在一个场所放什么物品，一定要考虑周全。

（2）随手性强，归位意识差，如清洁用具、工具等。

（3）规范性差。在定置区内，不仅要牌物相符，而且要规范。

（4）不要出定置线。如成品、半成品、木箱等。

（5）临时存放物品。一是要注意临时性，有些临时存放物品时间太长，已不属于临时存放物品；二是除主线外，基本不挂牌。

（6）定置牌的管理。一是定置牌脏，经常不清扫（定置牌也应清扫），二是状态不符，三是时间长了没有牌或掉到地上，四是设计上能够改动，五是临时打的字时间长有变化。

三、清扫不是自扫门前雪

清扫是指扫除现场中设备、材料、环境等生产要素的脏污部位，保持整体干净。

经过整理、整顿之后，物品已经能达到准确取出的状态，但是还要保证取出的东西立刻就能用的状态才行，这是清扫的主要目的所在。换言之，清扫是加工工序中不可缺少的一环，是对整理、整顿的进行一步完善。

（一）清扫的推行要领

（1）建立清扫责任区（室内、室外）；

（2）开始一次全公司的大清扫；

（3）每个地方清洗干净；

（4）调查污染源，予以杜绝或隔离；

（5）建立清扫基准，作为规范。

（二）清扫的注意事项

它起源于日本，来自日语的“整理、整顿、清扫、清洁、素养”，其罗马拼音的第一个字母均为“S”，统称为“5S”

（1）领导以身作则。成功与否的关键在于领导，如果领导能够坚持这样做，员工就会认真对待这件事，很多公司“5S”推行得不好，就是因为“5S”只靠行政命令去维持，缺少领导以身作则。

（2）人人参与。公司所有部门、所有人员都要一起执行这项工作。

（3）最好能明确每个人的责任区，分配区域时必须绝对清楚地划清界线。

（4）自己清扫，不依赖清洁工。

（5）一边清扫，一边改善设备状况。把设备的清扫与设备的点检、保养、润滑结合起来。

（6）寻找并杜绝污染源。

（三）清扫的推进步骤

（1）准备工作：安全教育、设备基本常识和了解机器设备。

（2）从工作岗位扫除一切垃圾、灰尘。

①作业人员动手清扫而非清洁工代替。

②清除长年的灰尘和污垢，不留死角。包括地板、天花板、灯、墙壁、吊扇等。

（3）清扫点检机器设备。

①不仅设备本身，连带附属、辅助设备也要清扫。

②容易发生跑、冒、滴、漏的部位要作为重点。

③一边清扫，一边改善设备状况，把设备的清扫与设备的点检、保养、润滑结合起来。

④依清扫安全基准对电气部分进行清扫。

（4）整修在清扫中发现有问题的地方。

①对需要防锈保护或需要润滑的部位，要按照规定及时保养。

②更换老化破损的水管、气管、油管。

③地面凹凸不平，搬运车辆行驶时会使产品摇摇晃晃，员工也容易不安全，这样的地面要修理。

（5）调查污垢的发生源（跑、冒、滴、漏），从根本上解决问题。

（6）实施区域责任制，责任到人，不可存在没人理的死角。

（7）制定清扫基准。

（四）清洁的推行要领

（1）落实“5S”工作；

（2）制定目视管理及看板管理的基准；

（3）制定“5S”实施办法；

（4）制定稽核方法；

（5）制定奖惩制度，加强执行；

（6）高层经常带头巡查，带动全员重视“5S”活动。

（五）清洁的推进步骤

（1）对推进组织进行教育（学习班）。不要认为这是很简单的工作而忽略了对员工的教育。往往因为简单，最终因不同人的理解得到不同的结果，而无法得到预期效果。人的思维是多变的，统一思想才能共同地朝目标前进，因此组织培训是非常必要的。

（2）带领员工到现场整理物品，调查使用周期并进行记录，再区分必需品与非必需品。

（3）迅速撤走各岗位的非必需品。

（4）整顿规定必需品的摆放场所。

（5）规定摆放方法，确认摆放的高度、宽度及数量，并制定规定。

(6) 进行标识。

(7) 对作业者说明放置方法和识别方法。

(8) 清扫并划出责任区，明确责任人。

(9) 定期评比。制定检查、评比办法，多层巡查，带动员工重视。

四、清洁是一种范围活动

几乎所有的生产要素都会产生或携带脏污、粉尘，因此除了清扫之外，还要想方设法进行预防才是，否则这头刚清扫完，那头又产生一大堆脏污、粉尘，每天扫来扫去没完没了，毫无意义。

(一) 清洁含义

1. 要杜绝现场中一切脏污源、粉尘源

(1) 产生源——找出产生脏污、粉尘的源头，采取有效改善措施。如切屑机床、磨泵、油泵。

(2) 收容源——对地面、墙壁、门窗、天花、萤光灯等容易藏污纳垢的每一个角落都进行彻底清扫。

(3) 传播源——对所有的生产设备、夹具、货架、文件柜、衣柜、装载工具进行清扫。

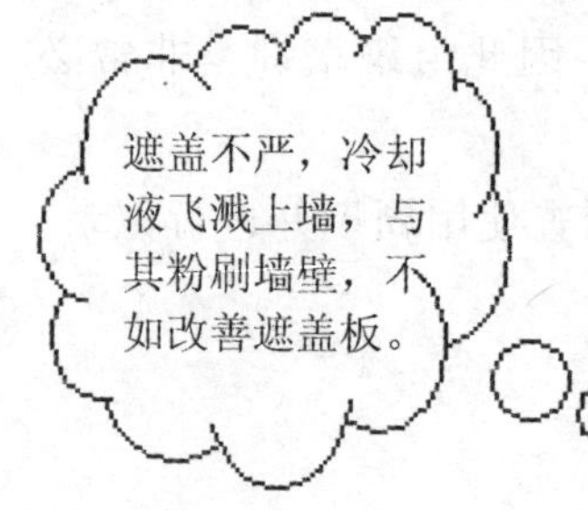

2. 将设备、夹具擦到铮铮发光，一台脏污不堪的设备，难以生产出干净的产品

（1）要能见到设备原本的涂装色，而不是脏污黏附其上。

（2）掉色部位要刮灰、喷漆修整好。

（3）不要把看上去干净视为清扫到家。

（4）每天定时清扫设备、夹具，例行点检，稍有不妥，立即就能发现。

不管购买了多么先进的清洗设备，制定多么周密的清洗规定，如果清扫没有真正落到实处的话，那么脏污、粉尘去了还会再来，总是不能有效杜绝。

（二）不清扫的弊端

1. 企业形象、产品形象欠佳

当产品挟有纸屑、手指纹印、灰尘呈现在客户面前时，客户会怎么想？就算买下了，心里总是有个小疙瘩，“外表这么脏，到底里边行不行呀?”这种怀疑足以破坏企业形象，导致消费者改选其他产品。

2. 设备精度下降、寿命缩短

这绝不是危言耸听。尤其是一些超精密的光机电设备，哪怕就是一小点粉尘、脏污，也会引发故障或造成加工精度下降，这

种事例在现场管理活动中经常可以见到。

3. 额外工时增加

不清扫的物料交给后工序时，会给后工序带来麻烦。因脏污、粉尘而导致设备停机修理，会给生产带来负面影响。

（三）清扫的推进方法

1. 清扫用的工具本身也要做好“3S”

（1）擦布、拖把、扫把、铲子，其本身脏不脏？

（2）这些东西确实能用吗？

（3）这些东西也要实行限量管理，不能任意增加或者减少。

2. 堵住脏污源头

扫完一会又脏，脏了又扫，每天来来回回许多次，人见人烦。如此清扫意义不大，原因就在于没有把脏污的源头堵住。要堵住源头，就得采取确实有效对策才行。试想一台肮脏的台车，四处送货，虽然货是送到了，脏污也一起带来了，好心办坏事，一个肮脏的车轮滚动后，在地面上留下的是一条长长的污迹。

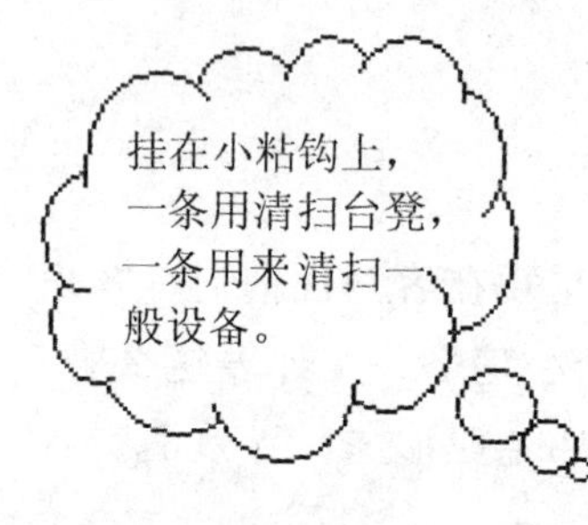

（1）查明跑、滴、漏、冒的源头是什么，进行改善。

（2）泡沫、塑料、纸板、纸皮、头发、头皮屑、各种食物等要避免带入现场。

（3）碎屑、粉末有无飞散到台下、通道上？如果碎屑刚好扎入客人鞋底的话，那么影响就大了。

（4）可在作业台下边设一碎屑接收托盘，作业结束后可以直接抽走清倒。

（5）黏附在工装鞋帽上的尘土要设法去除，且定期清洗。

（6）台车、叉车、铲车、箱子、托盒每星期至少清洗一次。

（7）换气扇、空调器的叶轮、滤网每月至少清洗一次。

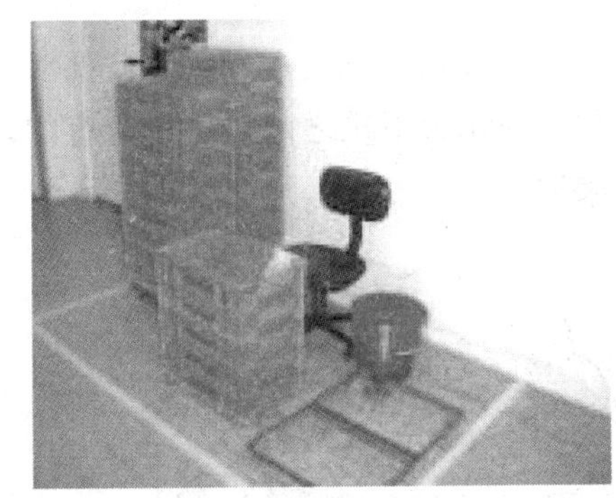

3. 明确每一区域的清扫担当

（1）自己的作业范围自己清扫，如办公台、文件柜、电话、工具、设备，不能指望清洁工来完成。

（2）每一个区域都要设置清扫担当，包括管理人员自己也要担当一部分。

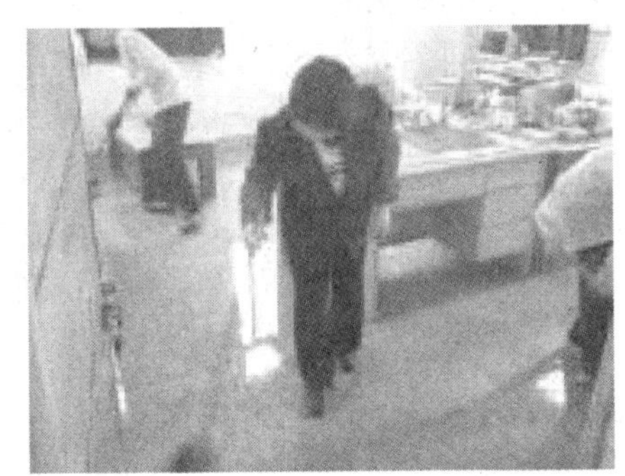

（3）每一个人都配备必需的清扫工具。

（4）某部门负责某一公共区域时，部门内部人员可轮流担当。

（5）不同区域可用黄色 PE 胶布（5 厘米宽）粘贴划分，俗称“画线”。地面上的画线是对工厂内交通进行整理的主要手段之一，就像道路的各种白色画线一样；一条画线立刻就能给现场带来整齐的感觉。

4. 分类清倒垃圾

垃圾箱要选定与生产相适应的类型。在垃圾收集处分类处理。在每天下班之前清倒完所有的垃圾，而不是在次日上班时才来清倒。

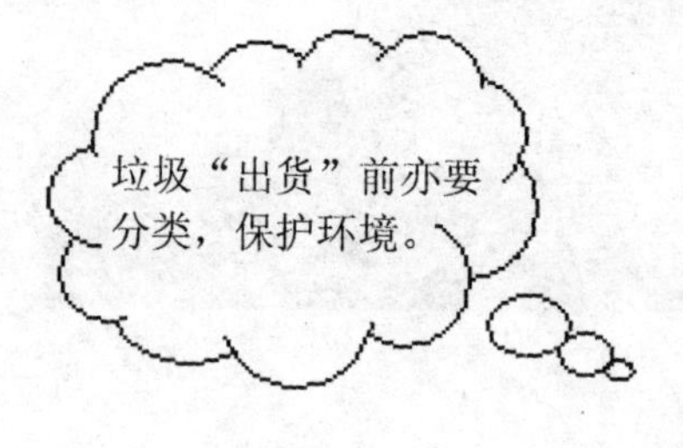

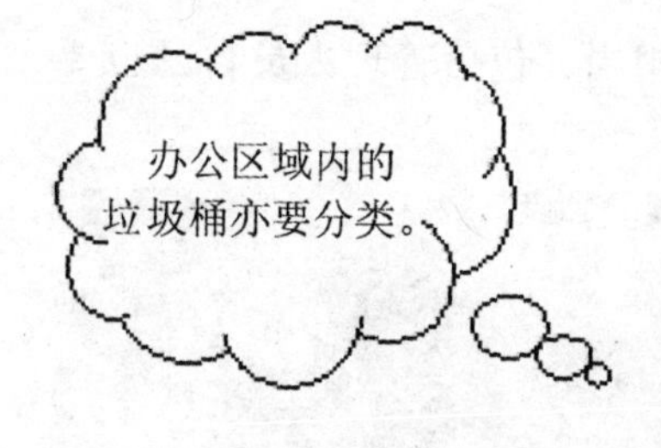

5. 清扫过程中发现到不妥地方，立即进行整改

（1）地面上的凹凸不平会造成搬运效率下降，还有可能阻挡台车，打翻制品，造成损失。

（2）一些有特殊清扫要求的设备，必须按规定进行。

（3）一边清扫，一边点检设备，主要确认有无磨损、松动、裂纹、变形等异常现象。

（4）清扫设备的同时，还可以把设备的保养结合起来，如添加润滑剂、去除过滤杯中杂质和水分等。

6. 制定清扫标准，大家共同遵照执行

看起来再简单不过的清扫，如果没有统一标准，同样的地方让不同的人去扫，结果也会出现差异。该扫的地方没扫，不用扫的地方又拼命去扫。

五、5个“S”为安全服务

员工在“5S”活动中的责任包括：

（1）不断地整理整顿自己的工作环境。

（2）及时处理不要物品，不可使其占用作业区域。

（3）维持通道的畅通和整洁。

（4）在规定地方放置工具、物品。

（5）灭火器、配电盘、开关箱、电动机、冷气机等周围要时刻保持清洁。

（6）物品、设备要仔细地放、正确地放、安全地放，较大较重的堆在下层。

（7）负责保持自己所负责区域的整洁。

（8）纸屑、布屑、材料屑等要集中于规定场所。

（9）不断清扫，保持清洁。

（10）积极配合上级主管安排的工作。

干部在“5S”活动中的责任包括：

（1）配合公司政策，全力支持与推行“5S”。

（2）多方面学习“5S”知识和技巧。

（3）研读“5S”活动相关书籍，广泛搜集资料。

（4）积极进行负责本单位的“5S”活动宣传、教育、培训。

（5）对部门内的工作区域进行划分。

（6）依公司“5S”活动计划表，分解细化为部门计划工作。

（7）帮助部属解决活动中的困难点。

（8）担当本部门“5S”活动委员及评分委员。

（9）分析和改善“5S”活动中问题点。

（10）督促部属的清扫点检工作。

（11）检查员工服装仪容、行为规范。

（12）上班后之点名与服装仪容检查，下班之前安全巡查与确保。

第二节　现场作业中需要注意的“6S”细节

一、厂区现场需做好以下几点

“6S”是指整理（SEIRI）、整顿（SEITON）、清扫（SEISO）、清洁（SEIKETSU）、安全（SAFETY）、素养（SHITSUKE），因其日语的罗马拼音均以“S”开头，因此简称“6S”。

1. 一般性

（1）厂区周边杂草定时清理；

（2）厂内外种树或绿化盆景，并加定位与设责任者；

（3）各厂房及间接办公室加标示牌，区分部门或地点；

（4）各厂房及间接办公室设伞架、衣架、茶杯架及私人物品区；

（5）作业区域不得放私人物品。

2. 车棚

（1）依汽车、摩托车大小分别设停车位（全格法），排定个人车位，自行车可分区放置；

（2）规定摩托车、自行车统一靠向。

3. 宿舍、食堂

（1）宿舍食堂区域设定设备、器材设维护责任者，经常点检；

（2）宿舍、食堂内物品摆放整齐，定位原则统一处理；

（3）宿舍、食堂地面干净、整洁（清洁工具必要时应改善，可参考酒店清洁用具）；

（4）加强宿舍的管理功能。

4. 垃圾场

（1）调查废弃物的种类与平均置放数量；

（2）规划各废弃物的置放区，并加标示；

（3）尽可以设置放架，加大堆放量；

（4）易吹散的废弃物，需加盖或捆绑；

（5）定期连络收集单位处理废弃物；

（6）其整顿及清理以配合环保规定为宜。

5. 物品放置场所

（1）物品堆高应避免超高，超过的叠放或料架，应放于易取用的墙边；

（2）不良品箱要放于明显处；

（3）不明物不放于作业场区；

（4）叉车等要放低叉子，且不能朝通路停放；

（5）看板应置放于容易看到的地方，且不妨碍现场视线；

（6）材料应置放于不变质、不变形的场所；

（7）油、稀释剂等不能放于有火花的场所；

（8）危险物、有机物等，应在特定场所保管；

（9）无法避免将物品放于定位线外时，可竖起“暂放”牌，并将理由、放置时间注明其上；

（10）外来施工人员，由召集部门负责管理，暂放的物品定置状况应与相关部门协商，并做清楚的标示。

6. 作业标准

（1）作业标准书不是做好后存档的，必须使用才有效果；

（2）要挂在作业场所最明显的位置，如机台旁；

（3）勿挂太高或太低，高度要适当；

（4）为防止脏污，可用塑胶套套住；

（5）在标准书中的重点事项，可用红笔特别标示。

7. 清扫用品

（1）长柄者（如扫把、拖把等）可用挂式；

（2）簸箕、垃圾桶等可用地上定位；

（3）水管等最好用收卷式，较易保管；

（4）必要时加隔屏，帘布遮住，以求美观。

8. 办公室的整顿

（1）部门名称的标示；

（2）在办公桌上以压力牌标示职位、姓名；

（3）周边设备或物品定位，如打印机、电脑桌、复印机等；

（4）办公桌面置放物品统一化，如“电话在右上角”、“公文架在左上角”；

（5）桌垫底下不要置放照片或其他剪贴画、名片等，保持清洁；

（6）抽屉内设法分类定位，标示以利取物；

（7）衣服外套应挂置于私人物品区（由车间、科室设定），不应披在椅子上；

（8）长时间离开位置或下班时，桌面物品归定位，抽屉上锁，逐一确认后再离开。

9. 盆景

（1）落地式或桌上式要适宜选用，以属阴性植物为佳；

（2）2 楼以上的盆景不得置放于靠窗户（可开式）旁，以防安全；

（3）加以定位且有责任者维护。

10. 公告栏（宣传栏）

（1）栏面格局区分，如“公告”、“人事动态”、“教育训练消息”、“剪报资料”等；

（2）定期更新资料；

（3）全厂性布告经营管理单位核准盖章后才可张贴。

11. 会议室、教室

（1）实施细部定位，如桌、椅、电话、烟灰缸、投影机、白板、白板笔、笔擦、茶杯、茶具等；

（2）设定责任者，每日清扫点检。

12. 档案文件的整顿

（1）档案名称使用统一标准名称，如用“品质管理”代替“品质管制”或“品质”。

（2）档案文件分类编号：清查所有相关档案文件明细，加以整理分类；分类时依相似类者，做大、中、细等分类；依大、中、细分类加以编号，越简单越好，如“人 001”、“后 001”。

（3）套用颜色管理：利用技巧，使档案易取出、易放定位，如用线条或编号等。

（4）档案标示的运用：封底页别文件名称索引总表；内页大区分引出纸或色纸的使用，以便索引检出。

（5）档案文件表格标准化：使用 CNS 规定的标准格式，如 A4、A3、B4、B3；配合档案夹的大小，一般均以 A4 为多。

（6）延长档案的使用期间。

（7）实施全公司档案文件管制规定：①重新过滤现有使用档案文件，并予合理化；②规定档案文件的流程与发行数量、单位；③减少不必要的列印与影印；④规定各档案文件的保存期限及销毁方式；⑤停止“制造”上级从不过目或审核盖章的表单文件。

（8）定期整理个人及公共档案文件：①留下经常使用与绝对必要的资料；②留弃机密资料或公司标准书档案文件；③留下必须移交的资料；④废弃过时与没有必要的资料。

（9）丢弃不用的档案文件：①建立文件清扫基准；②废弃文件、表单背面再利用；③有关机密文件予以销毁（碎纸机）；④无法再利用的，集中废料变卖，使资源再回收。

（10）文件档案清扫基准：①过时表单、传票；②过时、无用的报告书、检验书；③无用的名片；④备忘录、失效的文件；⑤登录完毕的原稿；⑥修正完毕的原稿；⑦作为参考的报告书、通知书；⑧因回答等而结案的文书；⑨贺年卡、邀请卡、招待卡；⑩报纸、杂志、目录；⑪传阅完毕的小册子；⑫使用完毕的申请书；⑬会议召开的通知、资料、记录等影印本；⑭设计不良或可改善的表格；⑮正式通知变更的原有失效规程；⑯认为必要而保管、但全然未用的文件；⑰破旧的档案；⑱过时泛黄而无价值的传真。

13. 仓库整顿

（1）“三定”原则

定点：①以分区、分架、分层来区分，管理成品及零件的堆放；②设立标示总看板，使有关人员对现状的掌握能一目了然；

③在料架或堆放区上，将物品人员的品称或代号标示出来，以利找寻及归位；④搬运工具也要固定位置，不但对环境的整洁有帮助，而且更可减少“找”的时间；⑤仓库的门禁，也是维护物品定位的守护神；⑥控制货物进出，发放的时间。

定量：①同样的物品，应要求在包装方式数量上一致；②用现品票来协助约定，了解内容；③设定标准量具来取量。

定容：要管理物品，容器是不可或缺的重要工具，然而，各种零件、材料绝对不可能为同一规格，因此要有不同的容器来装载。大小不一的容器，不但有碍观感，同时也浪费空间。因此，整顿时不妨也把容器列为对象之一。当然，选择容器时，也要考虑到搬运的便利。

以 A、B、C 法则或重点管理方式来规划储位：①A、B 类建立管制水准，C 类利用复仓法管理；②周转越多部分，置放越靠出口；③周转越少部分，置放越靠内侧，且要加盖防尘；④往空间发展，零组件勿直接置放于地上；⑤塑造一目了然的仓库；⑥利用颜色管理来做好先进先出。

（2）建立管理水准

①设定 A、B 类组件的最高、最低及安全存量（配合 MRPII 系统）；②以管制界限来控制各零组件的存量；③超出界限表示异常，加以检查，清除呆、滞零组件。

（3）定期实施仓库大扫除：①配合公司清扫的做法；②自选实施，由仓库主管策划；③仓库内灰尘、垃圾、蜘蛛网的清除排除；④避免蟑螂、老鼠等损坏零、组件。

二、办公室现场“6S”细节

1. 办公室

（1）办公室桌子、柜子和椅子无污迹和灰尘，办公室墙角无杂物；

（2）办公用品无灰尘和污渍；

（3）饮水机干净；

（4）门窗保持干净，无粘贴物；

（5）办公室“三面”保持干净，无破损现象；

（6）将不要的东西（如文件、档案、图表、文具用品、墙上标语、图片）丢弃；

（7）桌子、文件架摆放整齐，通道畅通；

（8）文件柜中的各类资料分类整齐摆放，有目录次序，且有相应的明确标识；

（9）电话线、电源线固定规范；

（10）私人用品整齐地放置于一处；

（11）及时更换报架上内容，摆放整齐；

（12）盆景摆放，无枯死或干黄；

（13）办公设施随时保持正常状态，无故障；

（14）电话联络及时填写信息反馈记录；

（15）坚持班前班后 5 分钟/10 分钟活动；

（16）工作态度端正（无聊天、说笑、看小说、睡岗、吃零食现象）；

（17）明确管理负责人。

2. 基层井区（队、站）值班室

（1）值班室桌子、柜子和椅子无污迹和灰尘，办公室墙角无杂物；

（2）办公用品无灰尘和污渍；

（3）饮水机干净；

（4）门窗保持干净，无粘贴物；

（5）值班室“三面”保持干净，无破损现象；

（6）值班室内床铺、衣架整齐；

（7）将不要的东西（如文件、档案、图表、文具用品、墙上标语、图片）丢弃；

（8）桌子、文件架摆放整齐，通道畅通；

（9）文件柜中的各类资料分类整齐摆放，有目录次序，且有相应的明确标识；

（10）电话线、电源线固定规范；

（11）私人用品整齐地放置于一处；

（12）及时更换报架上内容，摆放整齐；

（13）盆景摆放，无枯死或干黄；

（14）办公设施随时保持正常状态，无故障；

（15）电话联络及时填写信息反馈记录；

（16）坚持班前班后 5 分钟/10 分钟活动；

（17）工作态度端正（无聊天、说笑、看小说、睡岗、吃零食现象）；

（18）明确管理负责人。

3. 基层岗位值班室

（1）值班室桌子、柜子和椅子无污迹和灰尘，值班室墙角无杂物；

（2）办公用品无灰尘和污渍；

（3）饮水机干净；

（4）门窗保持干净，无粘贴物；

（5）值班室“三面”保持干净，无破损现象；

（6）将不要的东西（如文件、档案、图表、文具用品、墙上标语、图片）丢弃；

（7）桌子、文件架摆放整齐，通道畅通；

（8）文件柜中的各类资料分类整齐摆放，有目录次序，且有相应的明确标识；

（9）工具柜中的物品摆放有相应标识，各种工具零件等共用物品有定位、保养或图示，任何人可随时找到并使用；

（10）电话线、电源线固定规范；

（11）私人用品整齐地放置于一处；

（12）及时更换报架上内容，摆放整齐；

（13）盆景摆放，无枯死或干黄；

（14）办公设施随时保持正常状态，无故障；

（15）电话联络及时填写信息反馈记录；

（16）坚持班前班后5分钟/10分钟活动；

（17）工作态度端正（无聊天、说笑、看小说、睡岗、吃零食现象）；

（18）明确管理负责人。

4. 门卫值班室

（1）区域内保持清洁卫生，无杂物；

（2）区域内不得有闲杂人员；

（3）区域内不得有车辆随意停放；

（4）值班室桌子、柜子和椅子无污迹和灰尘，值班室墙角无杂物；

（5）办公用品无灰尘和污渍；

（6）饮水机干净；

（7）门窗保持干净，无粘贴物；

（8）值班室“三面”保持干净，无破损现象；

（9）将不要的东西（如文件、档案、图表、文具用品、墙上标语、图片）丢弃；

（10）桌子、文件架摆放整齐，通道畅通；

（11）文件柜中的各类资料分类整齐摆放，有目录次序，且有相应的明确标识；

（12）电话线、电源线固定规范；

（13）私人用品整齐地放置于一处；

（14）及时更换报架上内容，摆放整齐；

（15）盆景摆放，无枯死或干黄；

（16）办公设施随时保持正常状态，无故障；

（17）电话联络及时填写信息反馈记录；

（18）坚持班前班后 5 分钟/10 分钟活动；

（19）明确当班负责人；

（20）通信及警卫设备随时保持正常状态，无故障；

（21）遵照规定着装；

（22）按规定进行点检巡查，及时填写相关记录；

（23）工作态度端正（无聊天、说笑、看小说、睡岗、吃零食现象）；

（24）注意接待宾客的礼仪。

5. 会议室

（1）将不要的东西（如文件资料、文具办公用品、墙上标语及其他杂物）丢弃；

（2）地面、桌子、椅子干净、整洁；

（3）室内物品摆放整齐和标识，明确管理责任者；

（4）桌子、文件架摆放整齐，通道畅通；

（5）培训资料分类归档；

（6）培训资料等实施定位化（颜色、标记、斜线）；

（7）常用资料容易取出、归位，资料柜明确管理责任者；

（8）电源线及插座定位走向规范，固定得当，安全可靠；

（9）培训器材、门窗玻璃、柜子、暖气片、墙面、墙角等无灰尘、蜘蛛网，无死角；

（10）培训白板没有过期的培训内容；

（11）培训器材随时保持正常状态，无故障；

（12）柜子内、桌子抽屉内物品整齐、清洁；

（13）盆景摆放，无枯死或干黄；

（14）窗帘清洁干净无破损；

（15）会后桌面整洁，关闭设备电源；

（16）指定专门负责人。

6. 生产指挥中心

（1）将不要的东西（如文件资料、文具办公用品、墙上标语及其他杂物）丢弃；

（2）地面、墙面干净整洁；

（3）室内物品摆放整齐和标识，明确管理责任者；

（4）桌子、椅子、文件架干净整洁，摆放整齐，通道畅通；

（5）文件报表分类归档；

（6）文件报表等实施定位化（颜色、标记、斜线）；

（7）常用报表等容易取出、归位；

（8）电话线、电源线及插座定位走向规范，固定得当，安全可靠；

（9）办公设备、门窗玻璃、柜子、采暖片、墙面、墙角等无灰尘、蜘蛛网、阴暗面无死角；

（10）垃圾桶及时清理；

（11）公告栏没有过期的公告；

（12）饮水机干净；

（13）办公设备随时保持正常状态，无故障；

（14）柜子内、桌子抽屉内物品整齐、清洁；

（15）岗位员工遵照规定着装；

（16）私人用品整齐地放置于指定区域；

（17）报刊架上报纸书籍摆放规整；

（18）盆景摆放，无枯死或干黄；

（19）窗帘清洁、干净、无破损；

（20）按规定进行点检巡查，填写资料报表；

（21）接到电话时，有信息反馈记录，并及时填写；

（22）工作态度端正（无聊天、说笑、看小说、睡岗、吃零食现象）；

（23）接待宾客礼仪周到；

（24）离开椅子后，椅子应归位。

7. 更衣室（洗漱室）

（1）将不要的东西、杂物丢弃；

（2）地面、柜子干净、清洁，摆放整齐，通道畅通；

（3）柜子标识齐全无破损，明确更衣室管理责任者；

（4）门窗玻璃、柜子、采暖片、墙面、墙角等无灰尘、蜘蛛网；

（5）柜子、采暖片、门窗等阴暗面无死角；

（6）柜子内的私人用品摆放整齐；

（7）窗帘清洁干净无破损。

三、施工现场“6S”细节

项目建设离不开建设工程项目管理。对于工程项目施工企业来说，施工现场管理是项目施工管理的基础，但目前国内施工企业往往忽视对施工现场安全文明施工的管理。为了提高施工项目现场管理水平，必须注重项目施工的现场管理，制定切实可行的管理办法。“6S”现场管理法正逐渐被应用到建设项目现场管理领域，具有很强的实践价值。但现阶段，完全推行“6S”管理法的建筑施工企业还很少，只是在个别工程项目中借鉴“6S”管理方法。

1. “6S”管理的基本含义

“5S”管理起源于日本，因其简单、实用、效果显著，在日本企业中广泛推行，并被许多国家引进。“6S”管理是在“5S”管理基础上增加“1S”（Safety）扩展起来的。有资料记载，早在1955年日本就提出了“安全始于整理整顿，终于整理整顿”的宣传口号，即前面的“2S”，后来因生产和品质控制的需要，又逐步提出了后面的“3S”。

“6S”管理是指对现场的各种生产要素（主要是物的要素）所处的状态不断进行整理、整顿、清扫、安全、清洁及提升人的素养的活动。由于整理（SERI）、整顿（SEITON）、清扫（SEISO）、安全（SAFETY）、清洁（SEIKETSU）、素养（SHITSUKE）这六个词在日语的罗马拼音或英文中的第一个字母均是“S”，所以简称“6S”。开展以整理、整顿、清扫、安全、清洁和素养为内容的管理活动，简称“6S”管理。

2. 施工管理中运用“6S”管理的必然性

目前我国大多数施工企业都通过了ISO 9000质量管理体系、ISO 14000环境体系认证、OHSAS 18000职业健康安全管理体系认证，各标准系列因其拥有的文件化、标准化、可操作性强的特点而为广大企业所青睐，但是由于体系过分注重于文件化、体系化，在现场活性化方面显得不足。

其次，这些体系公布的系列标准都是十分简要的条款，具体到每一条款的实施时，由于每个人的理解不尽相同，导致这些管理体系的实践操作性非常差。

“6S”管理恰好弥补了这一点，它可以作为这些体系的基础管理工作而存在。在企业前进的道路上，“6S”管理作为企业管理的基础，无疑为国内企业的现场管理指明了方向。

3. 施工管理中运用“6S”管理的理论可行性

“6S”管理是一项基础性的管理，它并不涉及高深的理论，主要立足于现场实践。涉及施工现场人、材料、机械、场地等要素的管理，打造整齐、清洁以及纪律化的工作现场，进而提高工人工作质量，改善生产作业环境、避免浪费，进而在提高人的素质基础上，为顾客提供满意的工程产品。“6S”管理可以为现场管理提供切实可行，是更接近作业者的、具有针对性和可操作性的具体途径。“6S”管理的“清洁”过程就是为现场管理制定标准化、制度化、法制化的过程，更注重细节、方法而不是表面的、原则性的概括。最重要的是提升了人的素养，养成了有规定、按规定去做的良好习惯，可以不断提高现场“6S”管理水平，提升建设项目的管理层次。

4. 施工管理中运用“6S”管理的具体内容

施工企业要重视现场“6S”管理的引进与推行，并持之以恒，制定适合本企业的“6S”管理规范，并结合公司通过的ISO 9000质量管理体系、ISO 14000环境体系、OHSAS 18000职业健康安全管理体系认证，按安全文明标化工地、节约型工地的要求细化现场管理方法，为项目现场实施提供通用的借鉴，定期对项目进行“6S”管理检查考核，督促各项目的“6S”管理工作。

项目部是“6S”管理强有力的操作者和执行者，应当结合公司规定，根据项目不同而制定适合本项目的“6S”管理措施和方法。承接工程后，项目部应当立即对“6S”管理工作进行动员，组织相关部门进行现场总平面布置，制定“6S”管理方案。根据方案确定安全生产、文明施工、工程质量等管理目标，并分解量化到人，随着工程进度对现场各个管理环节进行及时的完善，不断细化，各类要素持续优化改进，形成适合本项目的管理文件及考核办法，形成标准化的管理，促进现场管理水平不断提高。并且在实施过程中应及时总结“6S”标准化管理经验，提出解决的办法，为下一步工作打下基础。

施工现场推行“6S”管理可以采用推行样板区、定点摄影、红牌战略及看板管理等“6S”管理工具。而且应当根据工程特点及所处阶段及项目的推进，合理使用不同的“6S”管理工具。

采用“6S”管理模式，对提高企业管理水平、提高产品质量、提高工作质量、树立企业良好形象和提升企业竞争力都可以起到巨大的推动作用。

同时通过“6S”管理在项目施工现场管理的推广与应用，可以最终提高我国现场作业从业人员的素质，最终从整体上提升我国现场作业的现场管理水平，提升产品品质，降低消耗，提高效率，为客户提供满意的产品，为建设施工行业的国际化提供有力保证。

四、生产现场“6S”细节

“6S”管理是企业生产现场管理的基础活动，其实质是对生产现场的环境进行全局性的综合考虑，并实施可行的措施，即对生产现场实施规范化管理，以保证在生产过程中有一个干净、美观、整齐、规范的现场环境，继而保证员工在工作中拥有较好的精神面貌和保证所生产产品的质量水平。

1. “6S”管理的作用

“5S”管理是指在生产现场对人员、设备、物料、方法等生产要素进行有效管理的一种活动。安全是现场管理的重中之重，“6S”管理是在“5S”基础上加上安全（Safety）一项扩展而来。“6S”管理对企业的作用是基础性的，也是不可估量的。

（1）降低安全事故发生的概率。企业实施“6S”管理，可以从消防设施齐全、安全通道无阻塞、遵守设备操作规程、生产设备定期安检等方面将安全生产的各项措施落到实处，比如通道上不允许摆放物料，保证了通道的畅通，从而降低安全事故发生的可能性。

（2）节省寻找物料的时间，提升工作效率。“6S”管理要求清理与生产无关的、不必要的物品，并移出现场；要求将使用频率较高的物料存放在距离工作较近的位置，从而达到节省寻找物料的时间，提高生产效率。在“6S”管理的整顿环节，其金牌标准是30秒内就能找到所需的物品。

（3）降低在制品的库存。“6S”管理要求将与生产现场有关的物料都进行定置定位，并且标识企业内唯一的名称、图号、现存数量、最高与最低限量等，这就使得在制品的库存量始终处于受控状态，并且能够满足生产的需要，从而杜绝了盲目生产在制品的可能性。

（4）保证环境整洁，现场宽敞明亮。“6S”管理要求将与生产有关的物料定置定位管理，并限制在制品的库存，其结果使得生产现场利用空间增大，环境整洁明亮。

（5）提升员工归属感。“6S”管理的实施可以为员工提供一个心情舒畅的工作环境。在这样一个干净、整洁的环境中，工作员工的尊严和成就感可以得到一定程度的满足，从而提升员工的归属感，使员工更加敬业爱岗。

2. “6S”管理实施的原则

为确保“6S”管理长期有效地推行下去，企业在通过开展安全、整理、整顿等形式化的基本活动，使之成为行事化的清洁、最终提高员工职业素养后，成为制度化、规范化的现场管理。因此，在实施“6S”管理时，应当遵循下列原则：

（1）持之以恒的原则：“6S”管理是基础性的，所以开展起来比较容易，并且能在短时间内取得一定的效果，正因为这个原因，“6S”管理在取得一定效果后，也容易流于表面的形式，无法做到不断优化和不断提高生产效率。因此将“6S”管理作为日常工作的一部分，天天坚持，才能将其持之以恒地进行下去。

（2）持续改进的原则：随着新技术、新工艺、新材料的应用以及市场的变化，使得生产现场也随着不断的变化。这就要求所进行的“6S”管理也应当随之不断的改进，以满足其生产的需要。

（3）规范、高效的原则：“6S”管理通过对现场的整理、整顿，将现场物料进行定置定位，打造一个整洁明亮的环境，其目的是要实现生产现场的高效、规范。只有实现不断提高生产效率的“6S”管理才是真正有效的现场管理。

（4）自己动手的原则：管理有限、创意无限，良好的工作环境需要现场员工的创造和维护。只有充分激发员工的创造性，自己动手改造现场环境，同时也改变自己对现场管理的看法，从而不断提升自身的素养。

（5）安全的原则：安全是现场管理的前提和决定因素，没有安全，一切管理都失去意义。重视安全不仅可以预防事故发生、减少不必要的损失，更是关心员工生命安全、保障员工生活幸福的人性化管理要求。

3. “6S”管理的实施

“6S”管理活动的对象是现场的“环境”与“人”，它对生产现场环境全局进行综合考虑，尤其是要重点考虑生产现场的安全问题，并制定切实可行的方案与措施，从而达到规范化管理。

就“6S”管理中的6个“S”而言，并不是独立的，尤其是安全、整理与整顿这3个“S”。对于需要推行“6S”管理的企业来说，应当统筹考虑：首先，安全这一要素是对原有“5S”的一个补充，却是生产现场管理的重中之重，既关系到操作人员的人身安全，也关系到产品、设备的安全；安全管理的实质就是要针对企业生产制造过程的安全问题，运用有效的资源，实现产品制造过程中人与机器设备、物料、环境的和谐，达到安全生产、保证产品质量的目的，即对生产现场的安全隐患进行识别，确定安全通道，布设安全设施，以及进行必要的安全培训和安全演习等。其次，整理是指区分生产现场需要与不需要的物品，再对不需要的物品加以处理；其关键在于确定物品的“要与不要”、“场所所在”以及“废弃处理”的原则。最后，整顿是指把生产现场所需要的物料加以定置定位，即对所留下的物品进行科学合理的布置和摆放，可以快捷地取得所要物品，达到合理生产流程、提高生产效率的目的；物品的定置定位，是指对留下的物品明确场所、明确放置方法、明确标识，使使用者一目了然，达到节省寻找物料、实现目视管理的目的。

“6S”宣传标语管理中的“清扫”是生产现场“零故障”和保持良好工作环境的基础工作，不仅指例行清理灰尘、脏污等，还包括对生产现场的设备进行日常清理、检查和维修；清扫看似简单，做起来也不容易，首先要确定清扫的方法、设备检查的方法以及实施维修的方法，并逐步将清扫渗透到日常工作、将检查渗透到清扫工作，最后将维修渗透到检查工作中。

清洁是在“4S”管理之后，为认真维护已取得的成果，使生产现场始终保持完美和最佳状态，将成果进行制度化、标准化，使不同的人在完成相同的工作时能够达到相同的结果；清洁的过程还在于就生产现场不断产生的一些不要的物品及时进行处理、对不断增加的新物品及时进行定置定位，纳入管理，其目的就是要实现预防安全、预防整理、预防整顿和预防清扫的最终结果，以推动“6S”管理的持续改进。

“素养”不同于其他几个“S”，其对象是“人”，即直接提升人的素质。“6S”管理始于素养，也终于素养，也就是说人可以改造环境，环境也可以培养一个人，人与环境的关系是一个相互影响的过程。素养这个“S”的推行，与其他几个“S”相互渗透，可以通过培训同时进行，也可通过日常例会逐渐渗透到生产的日常工作中，在不知不觉中提升员工的素养。

4. “6S”标语管理的过程控制

“6S”管理标语要获得预期的效果，企业应当适时进行必要的过程控制，以充分暴露生产现场中的不足与问题，及时采取必要的纠正措施，促使其不断改进并持之以恒地进行下去。

（1）安全管理控制：安全管理控制一般从三个方面进行。

一是现场安全管理，就是依据安全生产法律法规、企业的规章制度、安全技术操作规程等，对人员、作业方法、作业环境开展安全管理与监督，以保证现场的安全。

二是人员现场管理，其重点在于合理安排工作时间，严格控制加班加点，防止疲劳作业，通过对作业人员安全行为的约束和管理，促进员工在作业中相互监督、相互保护，提高自我管理、自我约束和自我改进的能力。

三是设备现场管理，其重点是监督检查现场生产人员是否严格按设备操作规程使用、维护设备，这是确保安全生产物质基础的有效手段；在实际作业中，操作人员要切实掌握加工工艺方法，严格遵守操作规程，对不合理的或不安全的加工方法应及时反映，通过不断改进，使之更加条理化和安全化。

（2）现场作业环境控制：就是检查作业现场是否保持清洁安全、布局合理，设备设施保养完好、物流畅通等，这不仅反映出现场人员的日常工作习惯和素养，还反映出现场“6S”管理的水平。

（3）定置定位的控制：现场物料定位定置一旦确定，管理工作就相对稳定，应及时纳入标准化管理，解决现场定置管理的

“长期保持”问题，同时还应当建立与定置管理运作特点相适应的、按定置图核查图、物料是否相符的现场抽查制度。现场抽查时，不允许有任何“暂时”存放的物料，这种“暂时”一般暴露两个方面的问题：一是可能该物料没有按定置管理的规定存放到规定的位置；二是可能该物料没有列入定置管理。

（4）持续改进的控制：就是指对生产现场管理中存在的缺陷与问题进行分析研究，采取必要的纠正措施，加以改进，以达到提升企业现场管理水平的目的。通常有下列两个方面的问题需要改进：一是现场抽查中暴露的问题，如有些物料没有列入定置管理，或定置不合理；二是随新产品生产的需要、新工艺的应用，原有的定置管理已经不适用，这种改进需要根据新的生产流程，重新设计部分现场物料的定置，方能保证现场定置管理长期有效地进行下去。

管理的提升是一个积累的过程，只有打牢扎实的管理根基，企业才能发展壮大；现在国内许多企业都在推行“6S”管理标语，也有的企业在“6S”管理的基础上，增加节约（Saving）、服务（Service）、客户满意程度（Satisfaction）等扩展为“7S”、“8S”、“9S”管理；就企业而言，推行的是几个“S”管理并不重要，重要的是所做的管理内容和所评估的业绩应当是在持续优化和规范生产现场的同时，达到不断提高生产效率和降低生产成本的目的。

五、注意生产现场作业环境

1. 安全管理

（1）熟知安全中，用气常识及“三防”（防火、防盗、防爆）知识。

（2）必须正确佩戴劳动保护用品。

（3）上班“四不准”，即不准穿拖鞋、不准赤膊上阵、不准未关设备离岗、不准酒后上岗。

（4）坚持离岗前要切断电源、气源、清理现场。

2. 生产管理

（1）服从直属领导的工作安排，不得无故推诿。

（2）熟知每次下单生产数量及当班生产任务。

（3）应保证按时保质保量完成当班任务。

（4）发现质量事故时，做到“三不放过”：不查清责任不放过；不查清原因不放过；无预防再发生措施不放过。

3. 劳动纪律管理

（1）熟知公司劳动纪律管理规定。

（2）坚持“两个准时”：准时上班打卡，准时进入工作状态。

（3）坚持“五个不准”：不准看与工作无关的书、报，不准聚堆聊天，不准串岗，未经许可不准离开工作岗位，不准吃零食。

（4）请假一天以上应提前写请假条交相关领导批准，不准捎假及打电话请假，否则按旷工处理。

4. 设备管理

（1）坚持定人定机管理。

（2）操作前进行日点检，确定设备完好方可操作。

（3）坚持“三好”、“四会”原则，即“管好、用好、修好”，“会使用、会检查、会保养、会排除故障”。

5. 环境管理

熟知本工位所管辖区域范围，下班时做到：设备不擦拭、不保养好不走；工件不堆放整齐不走；工具不清点摆好不走；地面环境卫生不打扫不走。

第三节　生产现场通用安全操作规程

一、通用安全操作规程

1. 适用范围

本标准适用于企业各生产岗位员工安全操作。

2. 内容与要求

（1）严格遵守公司安全规章制度和有关工种和设备的安全操作规程；

（2）新进员工和调换工种员工必须按规定进行公司级、厂队（分公司）级和班组级的安全生产教育，经考试合格后方可上岗作业；

（3）特种作业人员经相关安全监督部门组织专门的安全培训、取得有效的操作证书后方可独立作业，其他人员一律不得使用特种作业设备和从事特种作业操作；

（4）经公司安排并持有相应准驾车类驾驶证的人员可按照工作需要驾驶（或监护驾驶）机动车辆；

（5）参加公司组织的新工艺、新技术、新设备和新材料使用的专门安全教育和培训，掌握有关专业安全操作技能。

3. 作业人员劳动保护规定

（1）进入作业场所必须做好班前准备工作，对工作场地进行安全检查。并按规定穿戴好符合工种作业需要的劳动保护用品，扣紧衣裤和袖口，留有长发的员工应将头发塞入工作帽或发网内；

（2）生产作业时不得系领带、围巾和佩戴外挂式首饰及挂件，不准赤膊、赤脚或穿拖鞋、高跟鞋上岗；

（3）易燃易爆作业场所严禁烟火，不得穿着容易产生静电的衣物和掌有铁钉的皮鞋进入消防安全警示标志区域；

（4）正确检查和使用公用劳动保护器具和消防器材，使用完毕后应按规定送交指定人员检查、维护，并统一存放；

（5）上岗作业前应当检查设备、工作环境、工作岗位和工具的安全状况，发现故障或隐患必须立即排除或报告，确认安全后再行操作；

（6）生产作业人员应当坚守岗位，不得擅自将本岗位作业任务私自移交他人完成。需要两人或两人以上在同一作业面共同作业的，应当确定交叉作业的主、从关系和先后顺序，在确保安全的前提下，由主持作业的人员负责协调指挥，其他作业人员必须听从安排；

（7）严禁酒后上班、疲劳操作，工作场所不得吸烟、饮食、闲谈或嬉戏打闹，其他作业人员必须听从安排；

（8）设备使用和维护按相关设备安全操作规程执行。

4. 车间通行与装卸运输安全规定

（1）各类人员须在人行通道行走，并听从现场安全人员指挥，服从警示标志指令，严禁冒险穿行或通行；

（2）起重作业现场须服从指挥人员安排，严禁攀登护栏或吊物，不得在吊臂下站立、停留或通行；

（3）厂内机动车不准违规载人，严禁攀爬正在行驶的机动车辆，不得从行驶的机动车上抛卸或抛装物品；

（4）车间内不得驾驶摩托车或骑乘自行车等代步工具；

（5）从事危险作业，必须按照公司有关安全生产规定执行，经采取有效的安全防护措施后，方可操作。

5. 从业人员必须遵守的安全规定

（1）遵守各类生产作业场所安全管理规定，自觉维护劳动纪律，服从现场安全管理指令；

（2）进入车辆维修作业专责，原材料库房，易燃易爆物品运输、贮存、使用场所及有专门管理规定的区域，不得吸烟动火，禁止擅自运用设备设施和工具。严禁无关人员进入生产作业区域和物资贮存场所；

（3）严格遵守公司设备管理规定，设备技术改选或对在用设备安装新的技术装置，必须按制度规定的申办、论证、审批和试运行程序，完善相关手续。严禁擅自拆除，或改装各类生产、安全防护设施、设备及有关安全监控和保险装置；

（4）进入尘毒危害的作业场所必须采取相应防护措施，不得在具有尘毒危害的作业环境中进餐、饮食、吸烟或长时间逗留；

（5）非确定的岗位工作人员未经允许不得进入油库、天然气站、材料库及配电、锅炉、发电、监控中心和激光操作等场所，因工作需要进入以上场所的作业人员必须服从有关工作人员指挥；

（6）各类易燃易爆及有毒有害的危化物品必须依法执行采购、运输、贮存、使用和处理的有关规定，未经培训合格并未持有危化品专业操作证书的人员，不得违规从事相关工作。

6. 生产作业现场的安全管理规定

（1）服从安全管理，遵守安全制度，加强安全纪律，接受安全检查，增强自我约束能力，保持作业环境、设施、设备和物料的安全状态，随时报告和消除事故隐患，保证岗位生产安全；

（2）随时保持厂站、车间、库房、住宅和办公区域消防通道的安全畅通，各类物料堆码场所应整齐、稳妥，防止倒塌或损坏；

（3）生产作业场所必须满足劳动保护、消防、环保有关规定，保持正常生产作业的安全要求，进入作业现场的人员应当严格按照安全管理规定和各类安全标志、标线标明的要求行为，发现违章行为或事故隐患应当及时纠正或上报；

（4）自觉维护作业场所设置的消防安全器材和防火、灭火用品，不得在消防用品、用具周围10米范围内堆放其他物品。作业人员必须做到“四懂四会”，即会报警、会使用消防器材、会扑救初期火灾、会组织疏散群众，懂得预防火灾的措施、懂得本岗位生产过程中的火灾危险、懂得扑救方法、懂得逃生方法；

（5）作业完工后应当按规定整理现场设备、物资和工具，并清除作业区域的积水、油污、垃圾和废料。

7. 高处作业的安全操作规定

（1）需要在坠落高度基准面2米及其以上高度施工作业的项目，应当按照公司危险作业审批规定执行；

（2）由车间或项目负责人向作业人员做好安全技术交底，并在作业前检查落实安全技术措施和个人防护措施，确认完好有效；

（3）患有心脏病、高血压、精神病、癫痫病等职业禁忌疾病的人员不得从事高处作业；

（4）作业人员必须衣着灵便、佩戴安全帽，脚下应穿软底防滑鞋；

（5）作业时工具和物料应当堆放平稳，并不得妨碍操作和行走。作业过程中应当稳妥放置物料，严禁抛掷工具和物品；

（6）梯架设置应当符合国家或行业安全标准，检查确认登高用具安放平稳、可靠，在跳板上堆码物料须在规定承重范围之内，并留足安全通道；

（7）作业中发现危及安全生产的缺陷或隐患，应当立即停止作业，及时报告经妥善处理后，再行恢复作业；

（8）作业过程中生产岗位发生事故要立即断开涉险区域电源、气源、火源和其他动力源，转移危险物品，疏散周围人员，在采取自救安全避险措施的同时，及时抢救伤员、保护现场，立即报告。并服从安排，积极参与抢险救援，配合事故调查处理工作。

二、通用设备安全操作规程

1. 台钻安全操作规程

（1）使用台钻要戴防护眼镜，禁止戴手套；

（2）台钻开钻前必须对台钻进行检查，确认手柄、螺钉完好、紧固、无异常后方能使用；

（3）钻孔时，工件必须用钳子、夹具或压铁夹紧、夹牢。禁止用手拿着工件钻孔。钻薄板工件时，下面要垫木板。钻头必须夹紧；

（4）钻孔时，禁止用纱布、手或嘴吹、清扫铁屑。开钻时要均匀用力，当工件将要钻穿时，要轻轻用力以防工件转动或甩出伤人；

（5）钻孔结束后，关闭电源，清扫铁屑。

2. 砂轮机安全操作规程

（1）砂轮机必须有牢固的防护罩和良好的接地线，否则禁止使用；

（2）公用砂轮机应有专人负责维护，经常检查加油，以保证砂轮机的正常运行；

（3）操作者必须戴护目镜，熟悉砂轮机性能。使用前必须认真检查砂轮机各螺钉是否紧固，防护装置是否可靠，认真查看砂轮与防护罩之间有无杂物，确认无误后，再开动砂轮机；

（4）砂轮机因长期使用，砂轮磨损严重时不准使用。因维修不当产生故障，或轮轴晃动、安装不符合安全时，不准开动；

（5）换新砂轮时，遵守磨工一般安全规程，对有裂纹、有破损的砂轮，或者砂轮轴与砂轮孔配合不好的砂轮均不准使用；

（6）装砂轮时要加垫、平衡，经修整、平衡和核试验之后才能使用，夹持砂轮的法兰盘直径不得小于砂轮直径的1/3；

（7）磨工件时，不能用力过猛，不准撞击砂轮。在同块砂轮上，禁止两人同时使用，更不准在砂轮机的侧面磨削，对细小的、大的和不好拿的工件，不准在砂轮机打磨；

（8）砂轮不准沾水，必须保持干燥，砂轮轴上的紧固螺丝的旋向，与主轴的旋转方向相反。

3. 手动葫芦安全操作规程

（1）悬挂葫芦的构架必须牢固可靠，工作时葫芦的挂钩、销子、链条、刹车等装置必须保持完好；

（2）起吊用的葫芦，不准超负荷使用；

（3）起吊物件时，捆绑要牢固可靠，吊具、吊索要在允许范围内；

（4）起吊物件时，除操作葫芦人员外，其他人员不得靠近被起吊的物件；

（5）用两个葫芦同时起吊一物件时，必须有专人指挥，负荷要均匀分担，操作人员动作要协调一致；

（6）放下物件时，必须缓慢轻放。

第四节　安全联保责任制让“三违”无处藏身

一、“三违”的定义及主要表现形式

“三违”是“违章指挥，违章操作，违反劳动纪律”的简称。主要是指生产经营单位的生产经营者违反安全生产方针、政策、法律、条例、规程、制度和有关规定指挥生产的行为。违章指挥具体包括：不遵守安全生产规程、制度和安全技术措施或擅自变更安全工艺和操作程序，指挥者未经培训上岗，使用未经安全培训的劳动者或无专门资质认证的人员；指挥工人在安全防护设施或设备有缺陷、隐患未解决的条件下冒险作业；发现违章不制止等。

“三违”现象的主要表现是：①盲目性“三违”。部分职工认

为对钻研业务和学习安全知识抱着无所谓的态度，凭习惯和经验作业，造成盲目性“三违”。②无知性“三违”。一部分职工由于文化素质和技术素质较低，自控能力和自主保安意识差，对应知应会技术和施工措施一知半解，很多人违章还根本不知道错在什么地方，造成无知性“三违”。③习惯性“三违”。一部分职工，不能摆正安全与效益的关系，只讲进尺、产量，随意省略安全技术防范措施，在尝到“甜头”的情况下，实施习惯性“三违”。④管理性“三违”。一些管理人员，重生产安排、轻隐患整改，重制度制定、轻现场落实，执行力、服从力差，接到隐患整改通知一拖再拖。甚至有的管理人员明知不具备安全生产条件，仍指挥职工强行作业，造成了管理性“三违”。⑤放任性“三违”。个别管理人员工作责任心不强，现场管理粗放，对一些轻微“三违”现象睁一只眼闭一只眼，助长了职工的错误思想，久而久之，造成了放任性“三违”。⑥工序性“三违”。有的职工在作业中不按照规程要求施工，工程质量差，安全设施不齐全，给后续工作带来诸多不便，留下了安全隐患，造成工序性“三违”。通过对发生“三违”的主体分析，40 周岁以下占绝大多数。

严重“三违”逐年减少，一般“三违”却相对增加，作业工序、环节多的单位“三违”现象相对严重，采掘、机、运、通单位是“三违”的多发单位，其主要特点是文化程度越高、年龄越大、资历深厚者，“三违”行为越少。

“三违”的主体是人，人的错误思想是导致“三违”的主要根源。由于职工个体的文化层次、社会阅历、家庭状况、思想素质等各不相同，因而造成“三违”的主观原因也呈多样性，通过座谈了解、综合分析，其主观原因主要有以下几个方面。

（1）侥幸心理。有的职工认为自己的自我控制能力强，对作业环境和条件变化能够掌握自如，偶尔违章也不会出事，碰运气一旦成功，就盲目自信，经常抱着侥幸心理去违章作业。

（2）麻痹心理。在单位一段时间没有发生事故、安全生产形势较为稳定的情况下，有些管理人员、职工就会松懈下来，把规程措施置之度外，认为做好安全生产是一件容易的事，麻痹思想油然而生，“三违”现象屡见不鲜。

（3）习惯心理。由于工作内容、场所、形式单一，很多管理人员和职工干惯了、看惯了、习惯了，靠惯性作业，凭经验施工，根本不去想是否违规、是否符合措施要求，形成习惯性“三违”。

（4）马虎心理。少数职工在工作中马马虎虎、粗枝大叶，作业时注意力不集中，应付公事，糊里糊涂出现“三违”。

（5）蛮干心理。有些职工，特别是班组，摆不正安全与生产、安全与效益的关系，一心只想多超产，多拿台阶奖，不顾作业场所有没有安全隐患，就是发现了隐患也不处理，野蛮操作。甚至有的职工进班就干，简化作业程序，盲目蛮干，从而导致“三违”增多。

（6）取巧心理。有的职工投机取巧，置规章制度于不顾，我行我素，冒险违章违纪，如爬飞车、坐皮带、坐矿车，没有充分考虑其违章行为所产生的严重后果。

（7）轻视心理。一些新进矿的工人和部分文化程度较低的工人，由于缺乏安全知识或文化技术素质低，没有认识到安全的重要性、“三违”的危害性，作业中糊里糊涂违章，糊里糊涂出事。

（8）厌倦心理。部分职工因长年累月的高强度劳动或身体健康原因，不堪重负，生产热情不高，工作完全处于应付状态，使安全缺乏可靠性。

（9）唯心心理。极少数文化程度较低的职工和来自偏远山区农村的职工，受封建迷信思想影响，抱着“是福不是祸，是祸躲不过”的错误想法，不注意安全，随意工作，往往导致违章作业现象。

造成职工“三违”心理现象的发生既有主观的原因，也有客观的原因。其客观因素主要是职工的文化素质不高，往往认识问题不全面、不充分、不理性，反映在安全生产上就是摆不正安全与效益的关系，常会产生“上班就是挣钱”、“挣钱就是养家糊口”的单纯认识。例如，煤矿生产受多种自然灾害威胁，生产战线长、作业条件恶劣、劳动时间长，长期超负荷的简单劳动很容易让职工的生理心理产生疲倦，滋长麻痹和取巧心理，常常为图一时的省事省力，就心存侥幸、违章作业。

同时，管理不科学也是诱发职工“三违”的重要客观原因。主要体现在管理人员抓管理不讲究方式方法，以罚代管，以罚代教，对职工高压强管，缺乏民主公正，严重挫伤职工参与安全管理的积极性。管理干部不能以身作则，在现场要求职工按章作业，而自己却违章违纪，给职工的安全观念造成错误引导；工作任务布置不合理，不考虑作业现场的实际情况和安全形势，造成职工身心疲惫，忽视安全，违章蛮干；工作有布置，不检查不落实，制度形同虚设、考核奖惩不兑现，造成职工信任度下降。

在客观因素中，社会环境的影响不容忽视。随着社会的发展，职工参与社会生活的程度在不断增加。一方面，职工过多接受外部信息而分散精力，在工作中注意力不集中，行为走样；另一方面，如果职工收入普遍偏低，会造成心理失落、安全思想不稳定；其次，职工家庭和亲属中发生的一些矛盾及生老病死等也会使职工情绪波动，在特定的条件和环境下导致行为失调，出现违章违纪。

强化安全生产，控制“三违”的建议。人是组织管理中最不确定的因素，也是企业安全管理最难以把握的问题所在。企业安全管理的核心是“人”，只要做好人的工作，“三违”就能杜绝，安全工作也就能做好。许多“三无”区队、班组，月度、年度实现无“三违”的事实就是最好的例证。因此，规范人的安全行为、控制不安全行为发生，是控制“三违”、杜绝事故的主要工作方法，需从以下几点做起：

（1）培育职工健康的心理和强烈的责任意识。有些职工摆不正自己的位置，被动地接受管理，甚至想方设法逃避管理，将自己游离于企业发展之外。基于这种现象，必须通过深入扎实的宣传教育，帮助职工把实现自我价值构筑在企业发展的平台之上，激发他们的主人翁意识，自觉主动地端正工作态度，用正确的心态支配自己的行为，履行工作职责，实践安全生产，忠诚企业，真诚工作，形成企业与个人相互依存、荣辱与共的命运共同体。

（2）要实现正规循环作业。对于这个问题，决策层要严格要求，操作层必须按时保质保量地完成规定的合理的工作量，要养成规范的操作习惯，不搞突击生产，不搞疲劳战术，这是保证安全生产的前提。要严禁搞退休加奖加分做法，更要清查处理“超工作量加倍计奖计酬”的土政策，确保职工正常合理的休息，有充沛的精力投入到安全生产中去。在施工地点远、战线长、劳动强度大、工作时间长的情况下，应考虑“四六制”作业、班中给职工送餐送水、强化劳动保障保护，使职工感到企业的温暖、组织的关怀，自觉筑牢狠反“三违”的思想防线。

（3）促进现场管理的科学和规范。安全管理要从源头抓起，对工程的设计、施工、投资和设备的购置都要实行终身制。不管什么时候出现问题，都要追究有关人员责任，为安全生产奠定良好基础。要建立健全垂直式指挥系统，提高执行力、服从力，共同遵循服从指挥的原则、逐级指挥的原则、一个上级的原则、上级对下级不能越级指挥但必须越级检查的原则、复命制的原则、紧急情况下上级有权越级进行总体指挥的原则，以充分发挥集体的工作积极性和主动性。凡因违章发生的罚款，由事故责任者承担，并交纳现金，严禁集体支付，让违章者拿着现金交罚款，感到心痛，花钱买教训，教训自然深刻。干部应统筹安排，执行

“三三制”，早、中、夜班各占1/3，消除安全管理和检查的盲区，消除产生“三违”的土壤。

（4）高度重视安全投入和装备问题。无论企业多么困难，资金如何紧张，都要保证安全的投入和治灾防灾的经费。同时，要加强加大安全培训的投入。安全培训工作是投资最少、见效最快、回报最持久的特殊投资。要通过加大安全培训的投入，加强基地建设，增加培训装备，配强硬件软件，努力构建强有力的安全培训体系，全面提高职工综合素质，塑造本质安全人。

（5）强化安全文化建设，大力营造“关注安全、关爱生命”的舆论氛围。安全文化是人类文化的重要组成部分，也是企业文化的重要组成部分。其核心是保护人的身心健康，尊重人的生命，实现人的价值，是人们安全价值观和安全行为的准则。要实现安全生产，建设本质安全型矿井，需要对职工进行全方位不间断教育。要做到环境育人、活动育人、培训育人、典型育人、宣传育人，使广大职工深刻理解和知道“安全是大事，安全是大家的事，更是自己的事”，筑起心中的安全防线。职工是安全的主体，对职工的关怀就是对安全的高度重视。要把职工视为最可爱的人，在政治上、精神上、生活上，待遇上给予无微不至的关心。领导要不断改进工作方式方法，努力克服简单粗暴、动不动就骂人等恶习，稳定一线职工队伍。

治理“三违”的措施。查处“三违”、处理“三违”的目的是消除“三违”，为此，需要多措并举，集教育、处罚、帮助于一体，综合治理，方能取得明显实效。例如，针对煤矿企业，通过调查座谈，其主要措施主要包括以下十个方面。

（1）追查分析：由矿安监处组织，相关部门领导，“三违”人员及单位负责人、发现“三违”人员参加，共同分析产生“三违”的各种原因，找出主要根源。

（2）现身说法：“三违”人员在本单位安全活动时，结合自身“三违”事实，谈认识、谈体会，吸取教训，保证不再违章。均由各基层单位党政主管负责落实。

（3）停班学习：停班学习的形式采取自学和集中学习相结合，一般“三违”集中学习一周，严重“三违”集中学习一个月，集中学习由教育培训部门负责。

（4）帮教提高：科级以上的领导、支部书记、工会女工协管对“三违”人员进行谈话，帮助“三违”人员提高思想认识。

（5）行政处罚：按照企业文件规定的相关条款，对“三违”责任制进行处罚或处分。

（6）张榜公示：通过公示栏、局域网等形式公布“三违”人员名单、内容及处罚结果等内容，让大家进一步接受教训。

（7）媒体曝光：由企业宣传部门组织，通过企业内部新闻媒体对“三违”人员的追查、分析、处理进行爆光。

（8）亲属签字：“三违”人员在停班学习期间，通过反思，写出安全保证书，家属或亲人在安全保证书上签名。由单位支部书记负责。

（9）建档立卡：对各类“三违”人员有安监部门负责建立追查、处理档案，记录清楚。

（10）业务考试：停班学习期满前一天，由教育培训部门负责对“三违”人员进行业务知识考试，考试时严格按照教考分离的办法执行，考试不合格，将延长停班学习时间，直至考试合格后方可上岗。

二、现场“三违”管理制度规定

（一）目的

强化现场安全管理，有效杜绝违章指挥、违章操作和违反劳动纪律现象，确保安全生产形势的稳定，杜绝各类事故的发生。

（二）范围

本制度适用于公司所有从业人员。

（三）职责

（1）安全领导小组重点组织查处违章指挥、违章操作的行为。

（2）公司办公室重点组织劳动纪律检查处违反劳动纪律的行为。

（四）管理内容与方法

1. “三违”行为种类的辨识

（1）违章操作作业行为：未经安全教育上岗作业；特种设备未经法定单位定期检验；非特种作业人员从事特种作业；新安装设备、设施未经安全验收就进行生产作业；未按规定放置、堆垛材料、制品及工具；工作前未检查设备、设施或设备、设施带故障、安全装置不齐全便进行操作；在消防器材动力配电箱、板、柜周围堆放物品且违反堆放间距规定；危险作业未经审批或虽经审批但安全措施未落实；在禁火区域内吸烟或违章明火作业；在有毒、粉尘等作业场所进餐、饮水，未按规定使用通风除尘设备；危险作业时监护措施未落实及未设置警戒区域或未挂警示牌；职业禁忌证者未及时调换工种；发现隐患未排除、报告，冒险作业；不按操作规定进行操作；随意挪用现场安全设施或损坏现场安全标志；吊物、传运物件操作方法违反规程规定；起重作业操作方法、指挥信号违反规程或现场施工安全操作措施规定；使用的安全工具、安全用具不合格；任意拆除设备、设施的安全装置、仪器、仪表、警示装置；设备运转时跨越、触摸或擦拭运

动部位；检修设备时未切断电源；擅自启用查封或报废设备；检修电器设施时未停电、验电、接地及挂牌操作；安全电压灯具与使用电压及要求不符；工作中不遵守劳动纪律，从事与生产无关的活动；其他违反环境和职业健康安全法律、法规、条例、标准、规程指令的行为。

（2）违章指挥行为：指派不具备安全资格的人员上岗，不考虑工人的工种与技术等级便进行分工；没有工作交底、没有安全技术措施、没有创造生产安全的必备条件即组织生产；擅自变更经批准的安全技术措施；对职工发现的装置性违章和技术人员拟定的反装置性违章措施不闻不问、不组织消除；擅自决定变动、拆除、挪用或停用安全装置和设施；设备带病运行、超负荷运行而没有相应的技术措施和安全保障措施，或是让职工冒险作业；不按规定给职工配备必须佩戴的劳动安全卫生防护用品；其他违反环境和职业健康安全法律、法规、条例、标准、规程指令的行为。

（3）违反劳动纪律行为：生产现场穿背心、短裤、裙裤、裙子、宽松衫，戴头巾、围巾或敞开衣襟、打赤膊、打赤脚等以及其他不安全装束；有毒有害作业未按规定佩戴防护面具；在禁止吸烟区域抽烟；其他违反环境和职业健康安全法律、法规、条例、标准、规程指令的行为。

2. “三违”行为的查处内容

（1）管理人员是否认真履行安全生产责任制、是否按规定进行安全检查。

（2）关键生产岗位或工序是否执行规章制度、落实安全生产措施。

（3）生产岗位、施工作业现场操作人员是否遵守劳动纪律和操作规程。

3. “三违”行为的控制

（1）切实落实安全教育培训制度。

（2）安全员在检查中发现有“三违”行为应及时对责任人给予教育并立即纠正。

（3）安全员每月度应将安全检查记录及时汇总到公司办公室，作为月度工作总结和月度绩效考核依据之一。

三、作业现场“三违”现象预防

1. 坚持以人为本、夯实安全基础

（1）针对员工素质较低特别是操作技能较低的实际，加大培训力度，提高培训质量，使员工达到“知、会、懂、能”。

（2）加大安全教育力度，把遵章守纪、按章作业转化为员工的自觉行动，把被动地要员工安全变为员工主动地“我要安全，我必须安全”，使员工真正树立起“安全第一，永远第一”的观念。

（3）加大安全管理力度，严格执行各项规章制度，以“执法必严，违法必究”精神严肃查处各种违章现象。

（4）加强工班长队伍管理，强化班组建设。班组是安全生产工作的基础，可设立专职工班长管理机构，变多头管理为专项管理，探索班组管理新机制，加强班组建设，尤其是工班长队伍的建设。把善于管理、敢于负责、品德优、技术精的同志充实到工班长队伍中，以夯实安全生产基础。

（5）科学合理安排工作量，做到生产时间服从生产质量、生产安全，增强工作实效。严禁“不可为而为之”。

2. 健全完善岗位责任制

明确岗位安全职责，进一步完善各级岗位责任制，特别是企业管理人员的安全生产责任制，切实明确各级的安全职责范围，使之在具体工作中，自觉地认真贯彻“安全第一、预防为主”的安全生产方针，正确处理好安全与生产、安全与效益、安全与改革、安全与发展的关系，始终做到“安全第一、生产第二”，杜绝违章指挥、违章作业现象。

3. 推行安全生产科学化、程序化管理

（1）源头管理。把风险化解在事故发生之前，这就是通常所说的超前安排、超前治理、超前预防、未雨绸缪。

（2）过程控制。抓好安全规章制度、技术措施在现场具体工作中的落实。抓好安全生产全方位、全过程管理，把安全管理规章制度及安全第一的工作观念贯穿于工作全过程，落实到每一个作业环节。

（3）应急救援。发生事故后，启动应急救援预案，积极抢救伤员，采取有效措施，把事故损失降至最低限度。

（4）调查处理。总结经验教训，找出症结，采取有效措施，搞好下一步安全管理。做好事故调查分析处理，完善各种规章制度，特别是事故调查分析处理制度，坚持对各类事故严格按照“四不放过”的原则，增强安全生产法制观念，变“从严、从重、从快”严肃处理为按规章制度，依法进行责任追究。

·第二章·

现场作业靠规范　班组安全有保障

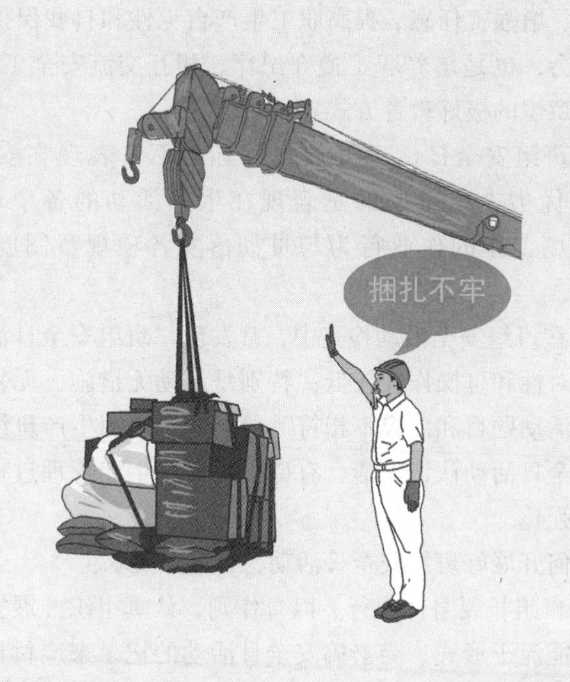

第一节　特色班组安全活动

一、班组应坚持安全日活动

（1）安全日活动是班组安全管理工作的一项重要内容，它不仅是企业安全管理的有机组成部分，也是班组开展安全评价分析的基本形式；不仅是学习上级安全生产劳动保护各类文件、加强法制观念、增强责任感、提高职工生产自觉性和自我保护意识教育的好机会，也是培养职工遵守纪律、相互交流安全工作经验、提高安全意识的极好教育方式。

（2）班组安全日活动开展得好坏，不仅表现在安全日活动记录的优劣，更重要的是表现在生产活动的各个环节中，体现在现场工作的作业行为与贯彻落实各项规章制度的具体行动中。

（3）在班组安全活动检查中，常发现“班组安全日活动流于形式，针对性和可操作性较低；特别是活动无措施、无领导检查和批示，活动题目和内容不相符”等问题，表明生产班组对如何开展好安全日活动认识不清，有待于在安全生产管理过程中进一步理顺和强化。

对如何开展好班组安全日活动，有三点要求：

（1）班组长要身体力行、以身作则，认真组织开展安全日活动，绝不能流于形式、突击搞安全日活动的记录来应付检查，或者只是专人抄资料、编记录；

（2）应参加安全日活动的各负责人和有关职能部门，应按规

定参加班组安全日活动，及时了解班组的安全情况并对其安全日活动的质量进行考核，同时以实际行动表明对班组安全日活动的重视程度；

（3）对于开展安全日活动的班组来讲，应从三个方面加大力度进行学习：

①要联系现场实际学习通报、简报、事故快报等安全情况资料。通过学习、分析资料中的经验教训，对照实际情况，找出现场存在的问题，在逐步培养组员从技术角度分析事故或异常情况的同时，制定有针对性的防范措施。

②在学习《安规》、反措、行为规范等有关规章制度时力戒教条。在学习中应结合实际，遵循“学以致用”的原则，深刻挖掘其丰富的内涵，这样就不会感到单调、枯燥。

③安全日学习应注重动手能力的训练，要让全体组员学会本岗位需要掌握的各类现场急救措施、现场安措的规范设置及安全用具、消防器械的正确使用方法。

安全活动方式还可以多样化，如安全技术问答、安全知识竞赛、安全培训、安全分析、事故预想和反事故演习等，使安全日活动内容丰富、实用性强。班组长应及时收集上级检查人员在各类安全检查中留下的有关指导性建议或意见，以便更好、更全面地开展今后的安全日活动。

开展班组安全日活动是提高班组成员安全思想意识的最佳途径之一，也是生产管理人员及时了解生产现场安全状态的有效途径；班组安全日活动是对生产班组成员进行安全教育培训的主课堂，活动的质量与人身安全、设备安全和检修质量有着密切的关系；作为班组安全第一责任人的班长，应该带头组织好每次的安全日活动，把好安全第一关。

二、班组安全日活动的内容

（一）基本内容

（1）学习上级和本单位的安全文件、事故通报、快报、安全简报等；

（2）学习本单位安全专业规章制度、行业的专业安全工作规程以及安全生产责任制、消防管理制度、设备管理制度、安全工器具使用管理制度等，检查有无违章现象、行为；

（3）一周来的安全状况分析、讲评、交流、总结以及下周安全工作要求和安排，认真贯彻“五同时”；

（4）每月班组对年度安全目标和“两措”及“两票三制”执行情况进行对照检查，提出存在问题、整改要求、月度安全分析评价工作、事故预想、安全技术知识考问等；

（5）布置落实安全大检查工作和专项安全检查工作；

（6）班组管辖的安全工具的试验检查；

（7）班组管辖的设备（机具），现场设备检查后的分析、研究；

（8）班组安全工作台账的检查整理等。

①传达例会精神（总结公司例会、工区例会精神），归纳重点，条理清晰、精神明确。

②上周工作总结：对班组上周安全工作进行总结，要体现在工作中采取了哪些有效安全防范措施，暴露出哪些安全隐患和不足，下一步将采取什么措施改进和预防。

③班组下周的重点工作：主要记录班组下周几项重点工作，结合重点工作内容要采取什么样的安全措施，杜绝事故的发生。

④班组活动内容：主要记载班组活动学习内容，对工伤案例的讨论学习，举一反三，如何吸取经验教训，使类似事故不重复

发生。

⑤对安全活动记录的检查要求：工段对此项活动记录每周检查一次，要有段长签阅，工区半月检查一次，要有安全员的签阅，工区月检查要有工区主任签阅。

（二）内容和基本格式

（1）对班组的前一天工作结果和防范措施的执行情况总结，如班组前一天的工作已经完成或没有完成、对危险因素辨识的安全防范措施贯彻和执行情况总结。总结前一天班组具体承担了哪些工作任务及任务完成情况，对存在的问题进行分析总结。

（2）班组当日的工作安排记录班组当日的几项主要工作。

（3）危险因素辨识：要结合班组当日工作内容，进行危险因素辨识，要把两项分开写，如危险因素、安全防范措施。

（4）班前会活动记录的检查要求：工段要对此项活动记录每周检查一次，要有段长签阅，工区半月检查一次，要有工区安全员签阅，工区月检查要有工区主任签阅。

三、安全日活动的要求

（1）在学习内容上，属上级布置要求的必须做到认真、安全、彻底，不能马虎从事；

（2）班组人员均应全部参加，认真做好活动记录，如有缺席，应记录在案（应注明缺席原因）未出席人员活动后应及时补课；

（3）学习内容必须联系对照本班实际，有针对性地提出问题，找出差距布置整改，把其他单位、车间、班组或个人发生的异常、事故情况当作自己的问题来对待、检查；

（4）班组长、安全员在安全活动日前要做好充分的准备，安全日活动内容要充实、联系实际、形式多样、讲求实效，切忌流于形式，每次活动均应有所侧重、有所收获；

（5）车间（工区、分场）及以上领导、安监人员应定期到班组参加安全日活动，了解、帮助、指导班组安全工作，并将参加人员记入安全活动记录簿中。上述领导除参加定期的活动外，平时应抽查班组的安全日活动记录簿，及时掌握班组的安全情况和班组人员提出的安全生产问题，并签注意见，作出评价；

（6）每个人应做到联系自己，积极发言，记录认真齐全，字迹清楚；

（7）安全日活动每周一次，每次安全日活动时间不应少于2小时；

（8）有些安全活动日活动内容，可根据实际情况与班组的其他活动内容结合进行。

四、班组安全活动中存在的主要问题和原因

1. 班组安全活动中存在的主要问题

（1）组织松散，班组长没有及时组织或者干脆造假，不能保证活动的按时进行。

（2）内容贫乏，结合生产实际不够，没有对安全生产起到指导、促进作用，如在记录中只记录一句话，不具体，没有实际的内容。

（3）形式单一，激励机制不健全，对职工没有吸引力，在安全宣传教育上没有起到有效的作用。

（4）部分职工没有树立良好的安全生产思想意识，主动参与安全活动的积极性不高。

（5）安全活动记录作为一种班组基础管理的原始记录，不能全面反映安全活动的主要内容，更有弄虚作假等现象。

2. 班组安全活动质量长期不高的原因

主要有客观原因和主观原因两个方面。

客观原因包括：

（1）大部分班组分散在各个不同的地方进行独立工作，这就给对班组的监督管理带来了一定的难度。

（2）部分班组生产任务繁重，时间紧张，导致难以保证安全活动的有效时间。

（3）班组长和安全员的文化、业务素质良莠不齐，尤其是部分体力劳动强度相对较大或者环境相对较差的班组更加突出，缺乏组织管理能力，无法合理、有效地组织安全。

主观原因包括：

（1）部分班组长和职工缺乏思想认识，没有意识到班组安全活动的目的和意义，片面地认为班组的任务只是生产，管理工作是上级管理部门和领导的事，对安全活动等基础管理工作缺乏主观能动性。因此，把安全活动这一项重要的安全基本工作作为一种累赘。

（2）部分班组长自身平时缺乏学习，对公司有关的规定缺乏理解和认识，致使安全活动的组织开展不够全面。

（3）部分车间的基层管理人员自身学习不够，没有将公司制定的各项管理制度吃透、落实，“安全第一”的思想只是说在口头上、记在本子上，不落实在行动上，缺乏对班组的监督、检查、指导和考核，发现问题没有及时采取有效措施加以改进。

3. 对提高班组安全活动质量的建议

（1）规范安全活动的组织，分工明确，责任到位：活动频度和时间要严格执行公司要求，每周 1 日定为安全活动日，特殊情况下可以改变活动时间，但是每周不少于 1 次，每次活动的时间不少于 1 小时。明确责任和分工，安全活动必须由班组长亲自主持，安全员协助并督促班组长组织好安全日活动，班组全体人员参加。安全活动记录由班组长指定人员负责，记录在专用的记录簿上。

（2）合理安排安全活动的内容：班组的安全活动应结合实际，有针对性、有计划地开展。在安排具体活动内容时，应有重点地选择每周的主要活动内容。

主要活动内容可以包括：①对上周（月）的安全生产情况进行总结、分析，总结经验、统计有关数据、分析暴露问题、提出针对性整改意见；②根据下周的生产任务，学习相关的安全生产规程、规定，讨论检修作业项目的安全、技术措施；③学习讨论上级有关安全生产的文件、通报或临时指定的内容；④学习讨论出现的事故案例，分析原因举一反三，汲取事故教训；⑤应急设施使用比武，岗位应急演练；⑥读报有感、事故感想等。

每月第一周还可增加：根据当月的生产任务，提出本班组月度安全生产要点。最后一周可增加：对本班所有的防护用品及安全防护设施、消防设施、施工作业器具进行全面检查、清理、维护、保养，及时对使用过程中损坏的工器具等进行修理或调换。

（3）安全活动的方式方法：班组安全活动应立足于实际，使班组人员易于接受、乐于参加、敢于发言。在具体方式方法上应做到以下几点。

①全员参与与群策群力：安全活动是一项群体活动，要改变班组长、安全员一言堂等问题，在活动中要充分发挥全体人员参与安全活动的主观能动性。如果失去了群体的参与，即失去了安全活动的意义。在活动中，既要有严密的组织和严格的要求，又要有活跃的气氛；既要有班组长的要求和指令，又要有班组成员热烈的发言讨论。因此在组织活动时，可根据安全职责的划分，由班组长预先将部分活动内容分配给副班长、安全员、工作票签发人、工作负责人、许可人和班组成员，由其轮流主讲或实施；在学习安全情况通报、制定重大检修作业项目安全措施方案、每周安全总结分析以及违章分析等时候，可采用班组长、安全员集

中讲评，提出问题，由全体班组成员展开讨论的方法，充分发挥群体作用，变被动参与为主动参与。

②口头说教与实际行动：目前，安全活动内容往往停留在口头上、书面上、表面上。因此，要能充分体现安全活动“实用”的原则，要做到既有书面的、口头的学习或讲评，又要有实际操作。如维修班组，可有针对性地选择一些相关的检维修制度进行学习，并做好事故预想或对有关人员进行安全交底等；以此加深对安全生产规章制度的认识和理解，达到学以致用的目的。

③理论分析与生产实践：从大部分班组的安全活动记录看，其内容往往是罗列现象多而缺少分析，不能从真正意义上去指导生产实践。如对设备上存在的问题和发生的故障，在总结分析时要透过表面现象和数据分析其内在的原因、规律和管理上的漏洞；对人员的工作失误和违章，要从主观和客观两个方面去分析、查找原因，要使受教育的人乐于接受。

④工作质量与奖惩：每一次安全活动，班组长、安全员要对上一次安全活动中布置的任务和提出的整改措施的落实情况以及日常生产情况进行核查，并对相关的责任人进行考核。对安全生产中存在的问题和违章现象，在班组内部要敢于暴露，并进行有针对性的分析，做到真实、透明。各级领导和专业人员在检查工作时，要支持和鼓励班组对违章作业的自查自纠，为班组营造一个在安全生产中敢于讲真话、善于干实事的良好氛围。对安全生产中的好人好事和先进经验，要在活动中给予表扬、奖励和推广，从正面营造一种良好的安全生产氛围。

⑤安全活动与基础管理：随着企业的不断发展和进步，对班组管理的要求也将必然会越来越高。因此，要充分利用班组安全活动这一有效载体，将安全活动与其他安全基础管理工作有机地结合起来，平时在布置、安排生产工作时，要同时安排班组安全活动，要以丰富和高质量的安全活动来带动安全基础管理工作，

以强化基础管理工作来规范安全活动行为。

⑥安全活动与安全技能：目前，大部分班组活动往往侧重于技术、设备方面，而安全技能和管理方面的内容较少。因此，班组要利用安全活动的有效时间，将这些内容融入安全活动中，并运用职业健康安全管理体系和安全标准化管理体系的管理方法和实际运行中总结的经验教训等，加强对这方面的学习和提高，唯有这样，才能把班组的安全活动搞得有声有色，为安全生产实践服务。

五、检查班组安全日工作的方法

班组是企业的细胞，每一个班组的安全生产情况关系着整个企业的安全生产，企业为了搞好班组安全建议，大都定期开展班组安全检查活动，以督促班组搞好安全生产工作。

（1）矫正检查中的思想障碍。有的安全员在检查班组安全生产时，总觉得过于认真会得罪人，因为检查过严、班组出现失误会影响班组职工的工资、奖金。因此大都以“差不多”为标准，或给予警告。如此“皆大欢喜”，熟不知这种方法是十分有害的，让职工觉得安全检查只是那么回事，只要能应付过去就行，对安全工作无须太认真，这种做法对企业非常有害。因此，检查班组安全工作要有一种正确的指导思想，安全检查要对企业负责，不是针对某个人负责，否则后果将不堪设想。

（2）要克服安全检查中时紧时松的现象。安全工作是一个长期性的工作，班组职工每时每刻都应有安全意识，但由于企业各项工作较多、每项都要兼顾，因此，安全检查存在时紧时松现象，班组也同样会产生时紧时松思想，安全检查时就抓好安全生产，检查不紧时就无所谓，不知许多事故的产生都是因一时疏忽而造成的。企业应时时树立安全第一的思想，对班组的检查要适时，以便及时发现问题、解决问题，真正发挥安全检查的监督护航作用。

(3) 安全检查要点面结合。有的单位在对班组进行安全检查时，只是组织几个人到班组转一转、走一走，只走过场、造声势，这种检查既不能发现什么新情况，更不会为班组解决实际问题，因此，在进行检查时既要查其记录，又要听班组职工的反映；既要查大设备的安全生产状况，又要点滴入手，从而使班组、职工明确安全生产的重要性，从一件小事、从点滴入手抓好安全，促进班组的安全生产工作。

(4) 安全检查与纠错教育相结合。对在检查中出现错误的班组，安全部门的处罚大都是一张罚款单，至于罚款后事故隐患改正没有，恐怕就无人再问。常常出现这种情况，几次处罚都是因为同一件事，这种检查和处罚是不负责任的，因为事故发生是多种原因的，可能是一时疏忽，也可能是过失造成，如果仅处罚不去纠正，必然会造成你说你的、我做我的。因此在检查在中要及时指出班组工作的失误，搞好职工的现场教育，在处罚的同时出台整改措施，现期整改，这样班组的安全生产才会真正搞上去。

第二节　安全检查做得好　现场作业不用慌

以建筑行业安全检查为例。

一、掌握安全检查基本步骤

(一) 指导原则

目的是为规范安全生产检查工作，根据依法行政、科学管理的原则，进一步提高国务院、国家安全生产监督管理局、建设部或国家各有关部门联合组织的安全生产检查的效果和效率，推动地方人民政府、建设行政主管部门或有关专业主管部门加强安全生产监督管理工作，提高企业安全生产工作水平，使安全检查工作规范化、程序化、标准化，特制定“安全生产检查的基本程序”。

基本原则包括：①综合检查为主，专业检查为辅；②查管理为主，查专业技术为辅；③查法规为主，查标准规范为辅；④查职能落实为主，查具体工作落实为辅；⑤查重点企业或工程为主，查一般企业或工程为辅。

适用于国务院、国家安全生产监督管理局、建设部或国家各有关部门联合组织的建筑安全生产检查组对地方人民政府、建设行政主管部门或有关专业主管部门进行安全主产工作检查和评价，做一定调整后也可适用于重点企业、重点工程的安全生产工作检查和评价。同时，检查原则和基本程序，可供地方建设行政主管部门或有关部门在本行政区域内或本系统内进行检查参考借鉴。

引用法规包括：

(1)《中华人民共和国安全生产法》，2002 年 11 月 1 日起施行。

(2)《中华人民共和国建筑法》，1998 年 3 月 1 日起施行，2011 年 4 月 22 日修订。

(3)《建设工程安全生产管理条例》（国务院第 393 号令），2004 年 2 月 1 日起施行。

(4)《建筑安全生产监督管理规定》（建设部第 13 号令），1991 年 7 月 9 日起施行。

(5)《职业安全健康管理体系审核规范》（OAHMS/ILO—2001，国家经贸委 2001 年第 30 号公告），2001 年 12 月 20 日施行。

引用标准包括：

(1)《安全生产许可证条例》（国务院第 397 号令），2004 年

1 月 19 日颁布并实施。

(2)《建筑施工安全检查标准》(JGJ 59—2011)，2012 年 7 月 1 日实施。

(3)《施工企业安全生产评价标准》(JGJ/T 77—2010)，2010 年 11 月 1 日实施。

(二) 基本要求

1. 安全检查组的组成和职责

安全检查组由一名组长和若干名组员组成，一个检查组的总人数最好控制在 7 ~ 8 人。

安全检查组成员包括：主管部门领导、主管部门管理人员、安全技术专家、其他有关人员。

检查组组长应①责任心强具有领导能力；②熟悉建筑业相关工作；③具备较强的组织、管理、协调和处理问题的能力；④了解建筑安全法律法规及有关安全生产法律法规和技术标准；⑤具有相应专业管理知识和相关技术知识；⑥善于团结同志、共同工作。

组长应①按时完成上级布置的检查任务；②组织制定检查组检查工作计划、方案；③分配检查任务，协调检查组成员工作；④审定检查表、组织汇总检查情况、意见和建议；⑤向被检查地区或部门通报检查情况，提出意见和建议；⑥组织编写、审定检查情况报告。

检查组组员应①具备一定的组织、管理、协调和处理问题的能力；②了解相关的安全生产法律法规和技术标准；③具有丰富的安全管理经验或相应的安全技术知识，检查中能够发现问题；④具有一定的口头和文字表达能力、工作交往能力和判断能力。

组员应①服从领导，听从指挥，按时完成组长布置的检查任务；②根据检查工作计划、方案，独立完成承担的检查任务；③填写检查表、检查记录，汇总检查情况；④提出检查情况的意见、建议；⑤在组长指导下编写检查总结。

2. 安全检查计划和安全检查表

安全检查计划的内容：

（1）检查的目的和范围；

（2）检查的地域和单位；

（3）检查组组长和组员名单；

（4）检查日程安排；

（5）安全检查注意事项；

（6）检查结果的报告形式。

3. 安全检查计划的审批和发放

（1）安全检查组组长指定人员编写检查计划，检查计划的编写应当结合以往安全检查的结果；

（2）检查组组长审定检查计划；

（3）报组织本次检查的上级部门审批；

（4）检查计划发放到检查组成员和被检查单位。

4. 选用有关安全检查表

（1）根据被检查单位的专业特点从本程序后面所附的检查表中选用合适的安全检查表；

（2）对于不完全适用的安全检查表可进行适当修订；

（3）本程序附表中没有可选用的安全检查表时，可根据实际情况仿照其格式自行编制安全检查表；

（4）修订或编制的安全检查表要经组长审核同意方可使用。

5. 编制安全检查表时的内容要求

（1）检查项目和要点；

（2）检查对象和人员；

（3）检查步骤和方法；

（4）检查依据和准则；

（5）检查结果与评语；

（6）意见和建议；

（7）检查人签注姓名和时间。

（三）安全检查的基本程序

1. 检查组内部会议

（1）明确检查目的、检查内容；

（2）阅读以往的安全检查报告、讨论以往安全检查的经验和问题；

（3）强调检查的纪律和检查组的作风；

（4）检查组内部分工，熟悉检查过程，准确把握检查重点；

（5）熟悉检查地方的情况，做好准备工作。

2. 分组交谈和提问

（1）由被检查的部分汇报本部门的工作；

（2）根据检查表的要求有针对性地了解被检查部门的工作情况；

（3）注意控制分组交谈的氛围，营造一个轻松、愉快的交流环境。

3. 查阅文件和记录

（1）查阅上级下发的有关安全生产的法规、文件和技术标准等；

（2）查阅本单位印发的安全生产文件、会议纪要、规章制度等；

（3）查阅安全生产领导小组会议记录；

（4）查阅安全生产专题会的会议记录；

（5）查阅各部门的年度工作总结和工作日志；

（6）查阅上次检查后的整改措施和情况记录；

（7）查阅群众投诉及处理情况。

4. 确定企业和现场的检查名单

（1）由地方建设行政主管部门和检查组共同确定接受检查的施工企业和施工现场；

（2）检查组应当分成若干小组同时对企业和施工现场进行检查；

（3）地方行政主管部门应派人员陪同各检查小组进行检查。

5. 召开被查企业和现场的安全工作汇报会议

（1）与会者签到；

（2）人员介绍；

（3）检查组组长说明本次检查的宗旨和要求；

（4）被检查单位主要领导介绍单位概况；

（5）被检查单位主要领导汇报安全生产工作；

（6）检查组组长说明本次检查的目的、范围、方法和要求；

（7）检查组分成若干个小组，被检查单位为各小组选配陪同检查人员；

（8）各小组根据分工和被检查对象选用合适的安全检查表；

（9）被检查单位为检查组提供必要的安全防护用品。

6. 现场检查

（1）观察被检查单位场容场貌；

（2）安全技术措施包括土方开挖、基坑支护、脚手架工程、模板工程、起重吊装等专项施工方案的现场执行情况；

（3）作业班组及作业人员的安全技术交底执行情况；

（4）抽查施工现场的重点项目、重点设备、安全装置与警示标志。

7. 现场询问

（1）随机找人交谈和询问，包括分项项目负责人、班组长、操作工人；

（2）耐心倾听基层人员反映的安全生产和职业健康问题；

（3）在有关人员回答问题时，了解其正确掌握安全生产法律法规、标准规范及安全生产操作规程情况和执行情况。

8. 查阅项目有关文件和记录

（1）查阅上级下发的有关安全生产的法规、文件和技术标准等；

（2）查阅本单位印发的安全生产文件、会议纪要、规章制度等；

（3）查阅安全生产委员会会议记录；

（4）查阅生产调度会会议记录；

（5）查阅危险点检查记录；

（6）查阅企业各级领导、各部门、各工种和各岗位的安全生产责任制目标分解和考核执行情况记录；

（7）查阅施工现场安全管理人员和特种作业人员的持证上岗情况和企业对职工的三级安全教育情况记录；

（8）查阅上次检查后整改措施和情况记录；

（9）查阅群众投诉及处理情况。

9. 现场抽样查证

（1）抽样查证关键岗位人员的安全培训和持证上岗情况；

（2）抽样查证关键岗位的安全操作规程和操作记录。

10. 安全检查活动的控制

（1）基本上遵照检查计划进行抽样检查；

（2）注意重要危险因素的现状和控制措施；

（3）注意发现安全生产先进典型、好的管理方法和经验；

（4）注意发现安全生产事故隐患的表现和来源；

（5）检查组内及时沟通，统一意见。

11. 检查组内部沟通

（1）组员汇报检查情况；

（2）讨论被检查单位应该肯定的好做法、好经验；

（3）讨论确定较严重的安全生产管理缺陷；

（4）编写检查情况报告。

12. 召开检查情况反馈会

（1）重申检查目的、抽查原则；

（2）报告检查结果和评语；

（3）提出整改要求；

（4）被检查单位领导表态。

（四）安全检查总结报告

安全检查总结报告的内容包括：

（1）简述被检查单位概况；

（2）根据检查结果对该单位的安全生产状况作总体评价；

（3）指出检查发现的生产安全事故隐患和提出的整改要求；

（4）提炼出一些先进经验或共性问题以指导面上的工作；

（5）有关意见和建议；

（6）安全检查总结报告由组长审核确认，并签名以示对该报告负责；

（7）安全检查总结报告上报组织本次安全检查的上级主管部门。

（五）整改措施跟踪与整改效果验证

（1）被检查单位的上级主管部门应根据安全检查总结报告，督促企业完成检查组提出的意见和建议；

（2）被检查单位应将整改情况的信息及时反馈给上级主管部门；

（3）必要时，上级主管部门可派人到被检查单位进行整改效果的验证。

二、班组日常安全检查——“一班三检”制

“一班三检”是指按安全检查制度的有关规定，每天都进行的、贯穿于生产过程中的检查。主要是通过班组长、工班组安全员及操作者的现场检查以发现生产过程中一切物的不安全状态和人的不安全行为。即班前、班中、班后进行安全检查，“班前查安全，思想添根弦；班中查安全，操作保平安；班后查安全，警钟鸣不断”。因此，班组即使面临的生产任务再重，时间再紧，也必须把“一班三检”制坚持好。

1. 注重实效，防止走过场

“一班三检”检查的侧重点不同。“班前检查”的内容有三项：一是检查防护用品和用具，看班组成员是否按要求穿戴了防护用品，是否按规定携带了防护用具。如果不符合规定，应督促改正。二是检查作业现场，看是否存在不安全因素，如果存在，应及时排除。三是检查机械设备，看是否处于良好状态，如有故障则应及时检修。“班中检查”的重点是对设备运行状况、作业环境危险因素进行检查，并制止和纠正违章行为，消灭事故苗头，保证班组成员按章操作和设备正常运行。

“班后检查”的内容是：检查工作现场和机械设备，做到工完场清，防护用品用具摆放有序，机械设备处于完好状态，不给下一班留下隐患。对“一班三检”规定的检查项目，班组长及每个班组成员必须逐项地进行认真检查，不放过任何一个可疑点。任何疏忽，都有可能形成事故隐患。

2. 班中检查作为重点

上班至下班这段时间较长，班组成员实际的作业行为频繁，机械设备也都处于运行状态，不可避免地会遇到许多新情况、新问题，因此班中的安全检查是一个重点。班组长要做有心人，经常地督促检查；班组成员要随时注意自己作业岗位的安全状况，遇有重大事故隐患，应停止作业，并及时上报。在隐患消除、确保安全的情况下，才能重新作业。

3. 把检查督促与安全教育结合起来

一些班组成员对规章制度抱着消极应付的态度。如班组长在班前督促成员戴上安全帽，成员却认为“戴这玩意儿没啥用”，嫌麻烦，作业中又把安全帽扔到一边。因此，班组长必须把抓制度与抓教育有机地结合起来，把“一班三检”中遇到的问题放到教育中去解决，只有班组成员的防护意识提高了，才能主动地进行检查，自觉地遵守规章。

4. 持之以恒，常抓不懈

坚持“一班三检”制，必须使实劲，有韧劲。部分班组成员认为“天天检查，也没查出什么漏洞和隐患，隔三岔五检查一下就行了”，因而使“一班三检”时紧时松。在上级强调或出了事故时，便抓得紧一些；时间一久又松懈下来，使制度形同虚设。这种认识和做法是十分有害的。应当认识到，以前没有检查出漏洞和隐患，不等于以后不出漏洞与隐患。俗话说“天天洗脸，时时防火”，对事故这个祸害也必须天天时时加以防范，而坚持“一班三检”制正是天天时时预防事故发生的有效措施。

各班组根据自身情况，按照本指导方案的要求，坚持做好“一班三检”，把班前班后会制度、隐患排查与治理制度、危险源管理制度等相关制度落到实处，检查部门根据需要随时进行检查，对落实不到位的，可对班组负责人按项目部有关规定进行处罚。

第三节　现场作业职责与禁令

一、班组成员的安全生产职责

（1）班组兼职安全员一般由班长或副班长兼任。主要是受施工员、安全员的指导，做好本班组安全工作。

（2）认真做好每天三件事。即班前布置安全、班中检查安全、班后总结安全。

（3）组织开展本班组各种安全活动，认真做好安全活动记录，提出改进安全工作的意见和建议。

（4）对新工人进行岗位安全教育。

（5）严格执行有关安全现场施工的各项规章制度，对违章作业及时制止，并按有关规定认真处罚。

（6）检查班组人员现场作业时遵章守纪情况，发现隐患及时处理。

（7）督促检查班组人员合理使用劳动防护用品及消防器材。

（8）发生事故及时抢救伤者，维护好现场，认真了解事故情况，及时、如实地向领导报告。

1. 工人的安全职责

（1）认真学习和严格遵守各项规章制度、劳动纪律，不违章作业，并劝阻制止他人违章作业。

（2）作业中时时、处处、事事注意做好安全工作。

（3）正确分析、判断和处理各种危险因素，把事故消灭在萌芽中，对自己无法处理的隐患，要及时报告班组长或工地领导。

（4）发生事故，要果断正确处理，及时如实向领导报告，认真保护现场，作好详细记录。

（5）加强设备维护，爱护安全设施，保持作业现场整洁，做到工完料净场地清，认真搞好文明施工。

（6）上岗必须按规定着装，正确使用各种防护用品和消防器材。

（7）积极参加各种安全活动。

（8）有权拒绝违章指挥。

（9）有权向上级反映安全工作中存在问题，有权向领导提出改善安全施工的建议。

2. 班组安全教育的内容

（1）对施工人员的安全要求。

（2）班组的施工任务、设施、工器具的性能及使用等安全要求。

（3）岗位安全责任制和安全操作规程及施工过程安全知识与要求。

（4）事故苗头或发生事故的紧急处理措施。紧急抢救知识及应用。

（5）同类岗位事故介绍、吸取教训。

（6）有关个人防护用品、用具使用、保管、试验要求。

（7）工器具的正确使用及检验。

（8）文明施工知识。一些必知的法规及安全管理、理论常识。

二、现场作业安全生产禁令

为进一步规范作业人员的安全行为，减少一般事故，预防和避免重特大安全生产事故，保障作业人员健康、生命和公司财产安全，可制定安全生产禁令。

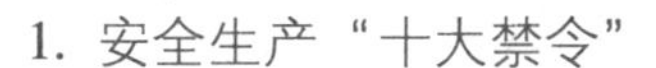

1. 安全生产“十大禁令”

（1）不按规定规定劳保着装、不戴安全帽或班前饮酒者，禁止进入生产岗位。

（2）严禁安全教育和岗位技术考核不合格者独立顶岗操作。

（3）上班时间，严禁携带未成年人进入生产装置区，严禁睡觉、干私活、离岗和干与生产无关的事。

（4）严禁负责放射源有关工作的负责人、监护人，危险化学品装卸监护人、危险化学品生产岗位人员擅离岗位。

（5）严禁违反操作规程进行动火、登高、进入受限空间、停送电倒闸、起重、交叉等作业。

（6）严禁使用安全装置不齐全或不灵敏的设备。

（7）未办理登高作业证、不系安全带、脚手架（跳板）不可靠，禁止登高作业。

（8）禁止动用不是自己分管的设备、工具，严禁在设备运转中擦洗或拆卸机械设备的零部件。

（9）检修时安全措施不落实，禁止开始检修，检修后的装置、设备，未经确认验收禁止启用。

（10）严禁无证从事电气、天车、电焊、气焊等特种作业。

2. 操作工的“六严格”

（1）严格执行交接班制。

（2）严格进行巡回检查。

（3）严格控制工艺指标。

（4）严格执行操作法（票）。

（5）严格遵守劳动纪律。

（6）严格执行安全规定。

3. 动火作业“八大禁令”

（1）动火证未经批准，禁止动火。

（2）不与生产系统有效隔绝，禁止动火。

（3）设备不清洗、置换不合格，禁止动火。

（4）不消除周围易燃物，禁止动火。

（5）不按时做动火技术分析，禁止动火。

（6）没有相应消防措施，禁止动火。

（7）动火器具不达标，禁止动火。

（8）作业安全技能不具备，禁止动火。

4. 防火防爆“八大禁令”

（1）严禁在禁火区内吸烟及携带火种、易燃、易爆、有毒、易腐蚀物品。

（2）严禁在禁火区和易燃易爆区内用易产生火花的工具敲打、撞击和作业。

（3）严禁穿带铁钉的鞋和易产生静电的服装进入禁火区及易燃易爆装置区工作。

（4）严禁用汽油、易挥发溶剂等擦洗设备、衣物、工具及地面等。

（5）严禁未经批准的各种机动车辆进入禁火区及易燃易爆区。

（6）严禁就地焚烧和排放易燃易爆物料及危险化学品。

（7）严禁损坏各类防火防爆设施。

（8）严禁堵塞消防通道及随意挪用或损坏消防设施。

5. 进入容器、设备的“八个必须”

（1）必须申请、办证，并得到批准。

（2）必须进行有效安全隔绝。

（3）必须切断动力电源，并使用安全电动工具及安全灯具。

（4）必须进行有效置换和合理通风。

（5）必须按时间要求进行安全技术分析，并合格有效。

（6）必须按规定佩戴有效防护用具。

（7）必须在器外设有安全监护人，并坚守岗位。

（8）必须有抢救的后备措施或应急预案。

6. 焊接作业“六不焊”

（1）附近有与明火作业相抵触的作业不焊。

（2）禁火区内、要害部位和重要场所未办理动火证不焊。

（3）不了解周围情况和焊接物内部物料情况不焊。

（4）密闭、有压力的容器或管道不焊。

（5）装过易燃易爆有毒物品的容器不焊。

（6）焊接部位旁有易燃易爆品或可燃材料作保温隔音的部位不焊。

7. 防止中毒窒息“八条规定”

（1）有毒、放射和有窒息危险岗位的作业人员，必须严格执行有毒、有害、放射物质管理制度和接受预防与急救的安全知识教育。

（2）进入受限空间工作时，环境的氧含量、毒害物质必须要做有效的安全技术分析，当浓度符合国家安全规定时，方可进行工作。

（3）在有毒、有害、放射场所作业时，必须佩戴专用防护用具、有专人监护并控制作业范围。

（4）在进行缺氧、有毒气体或有辐射危险的设备内作业时，必须将与其相通的管道部件等进行有效的安全隔绝或屏蔽。

（5）在有毒、有害、有窒息或被辐射危险的岗位，要制定专业防救措施和设置相应的防护用具。

（6）各类有毒、有害、放射物品和防毒、防辐射的器具用品必须有专人管理，并定期做有效检查。

（7）对生产和散发有毒、有害、放射物质的工艺设备和监护仪器（如易燃、易爆气体和射线的报警器）要加强专业维护，定期检查。

（8）发生人员中毒、窒息或被辐射时，处理与救护要及时正确。

8. 起重“六不吊”

（1）超载或被吊物重量不清不吊。

（2）歪拉斜吊重物或冷却时间不到的物品不吊。

（3）捆绑、吊挂不牢或不平衡，可能引起滑动时不吊。

（4）被吊物上有人或浮置物品和容器内装盛物品过满或呈流溢状态时不吊。

（5）安全装置不灵敏或结构、零部件有影响安全工作的缺陷、损伤时不吊。

（6）遇有拉力不清的埋置物件时不吊。

9. 机动车辆“八大严禁”

（1）严禁无证开车。

（2）严禁酒后开车。

（3）严禁超速行车。

（4）严禁人货混载或雨天拉运电石、白灰开车。

（5）严禁超标装载行车。

（6）严禁无阻火器车辆进入禁火区。

（7）严禁在生产作业区内违规停车。

（8）严禁带病、违章载人行车。

10. 安全生产禁令的有关解释

（1）本禁令是针对严重违反安全生产管理规定的处罚，凡不在本禁令规定范围内的“三违”行为的处罚，仍按有关规定执行。

（2）本禁令中的在岗饮酒或酒后上岗是指在生产现场或施工作业现场的直接作业人员和管理人员。

（3）本禁令中的高处作业是指在距离基准面 2 米以上（含 2

米)、有可能发生坠落危险的作业。

（4）本禁令中的受限空间是指生产区域内炉、罐、仓、管道、烟道、下水道、沟、坑、井、池等封闭或半封闭的有毒、有害、缺氧设施及场所。

（5）本禁令中的禁火区是指按照公司制度规定的禁火生产区、易燃易爆区、仓库（库房）等。

（6）凡取得有效作业许可证，必须在指定的区域内进行作业。

（7）凡违反安全生产禁令，并由此而造成严重后果的，予以处罚和开除并解除劳动合同；因违反公司安全生产禁令、制度而被公司清退或解除劳动合同的人员，公司内部任何单位都不得安排工作。

·第三章·

安全标志要注意　目视管理保安全

第一节　安全标志是通往目视化管理的桥梁

一、安全标志的定义及分类

根据国家标准规定，安全标志由安全色、几何图形和图形、符号构成。

根据《安全标志及其使用导则》（GB 2894—2008），国家规定了四类传递安全信息的安全标志：禁止标志表示不准或制止人们的某种行为；警告标志使人们注意可能发生的危险；指令标志表示必须遵守，用来强制或限制人们的行为；提示标志示意目标地点或方向。在民爆行业正确使用安全标志，可以使人员及时得到提醒，以防止事故、危害发生以及人员伤亡，避免造成不必要的麻烦。

安全标志是向工作人员警示工作场所或周围环境的危险状况、指导人们采取合理行为的标志。安全标志能够提醒工作人员预防危险，从而避免事故发生；当危险发生时，能够指示人们尽快逃离，或者指示人们采取正确、有效、得力的措施，对危害加以遏制。安全标志不仅类型要与所警示的内容相吻合，而且设置位置要正确合理，否则就难以真正充分发挥其警示作用。

（一）安全标志的设置

（1）安全标志应设置在与安全有关的明显地方，并保证人们有足够的时间注意其所表示的内容。

（2）设立于某一特定位置的安全标志应被牢固地安装，保证

其自身不会产生危险，所有的标志均应具有坚实的结构。

（3）当安全标志被置于墙壁或其他现存的结构上时，背景色应与标志上的主色形成对比色。

（4）对于那些所显示的信息已经无用的安全标志，应立即由设置处卸下，这对于警示特殊的临时性危险的标志尤其重要，否则会导致观察者对其他有用标志的忽视与干扰。

（二）安全标志的安装位置

（1）防止危害性事故的发生。首先要考虑所有标志的安装位置都不可存在对人的危害。

（2）可视性。标志安装位置的选择很重要，标志上显示的信息不仅要正确，而且对所有的观察者要清晰易读。

（3）安装高度。通常标志应安装于观察者水平视线稍高一点的位置，但有些情况置于其他水平位置则是适当的。

（4）危险和警告标志。危险和警告标志应设置在危险源前方足够远处，以保证观察者在首次看到标志及注意到此危险时有充足的时间，这一距离随不同情况而变化。例如，警告不要接触开关或其他电气设备的标志，应设置在它们近旁，而大厂区或运输道路上的标志，应设置于危险区域前方足够远的位置，以保证在到达危险区之前就可观察到此种警告，从而有所准备。

（5）安全标志不应设置于移动物体上（例如门），因为物体位置的任何变化都会造成对标志观察变得模糊不清。

（6）已安装好的标志不应被任意移动，除非位置的变化有益于标志的警示作用。

二、安全色使用标准

（一）安全色的适用范围和使用标准

（1）根据 GB 2893—2008《安全色》的规定，安全色适用于工矿企业、交通运输、建筑业以及仓库、医院、剧场等公共场所。但不包括灯光、荧光颜色和航空、航海、内河航运所用的颜色。

（2）为了使人们对周围存在的不安全因素环境、设备引起注意，需要涂以醒目的安全色，提高人们对不安全因素的警惕。

（3）统一使用安全色，能使人们在紧急情况下，借助所熟悉的安全色含义，识别危险部位，尽快采取措施，提高自控能力，有助于防止发生事故。

（4）安全色的使用不能取代防范事故的其他措施。

（二）安全色的含义和使用实例

1. 红色

（1）含义：传递禁止、停止、危险或提示消防设备、设施的信息。凡是禁止、停止和有危险的器件设备或环境，应涂以红色的标记。

（2）使用实例如下。

①禁止标志；

②交通禁令标志；

③消防设备；

禁止吸烟

禁止非机动车通行

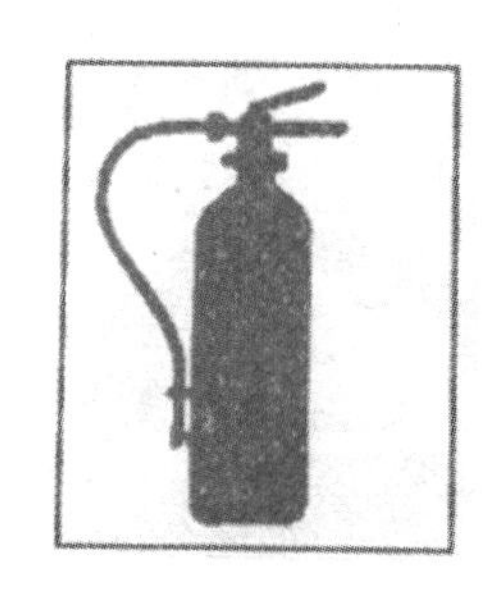

灭火器

④停止按钮和停车、刹车装置的操作把手；

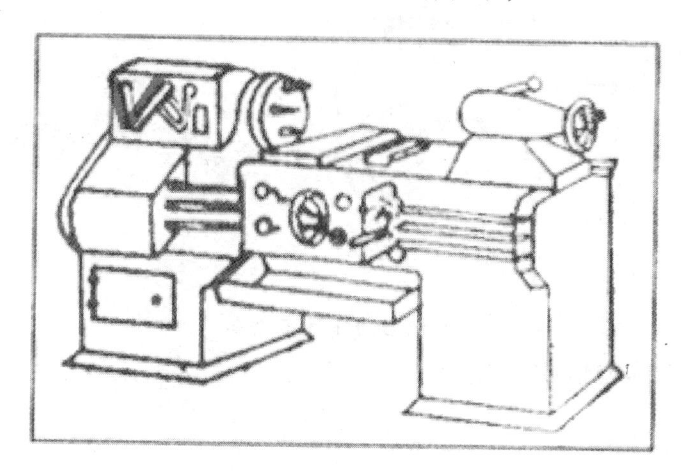

车床

⑤仪表刻度盘上的极限位置刻度；

⑥机器转动部件的裸露部分（飞轮、齿轮、皮带轮等的轮辐、轮毂）；

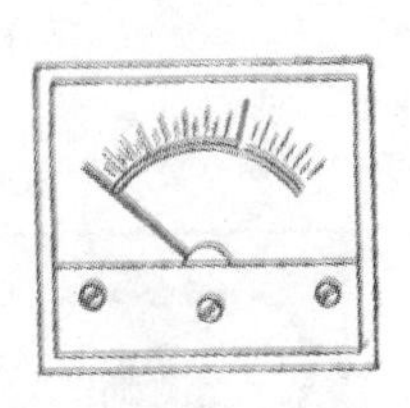
仪表刻度盘

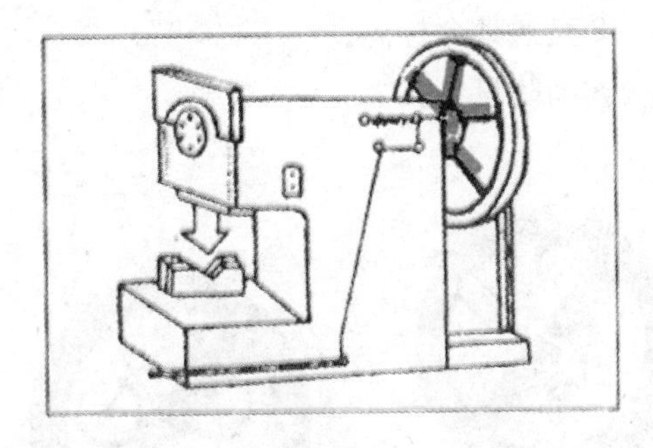
剪切机

⑦液化石油气汽车槽车的条带及文字；

液化石油气汽车槽车

⑧危险信号旗。

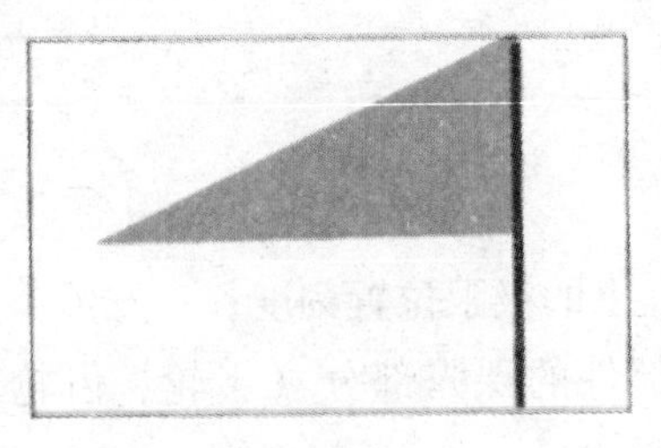
危险信号旗

2. 蓝色

（1）含义：传递如须遵守的指令性信息。

（2）使用标志如下。

①指令标志；

②交通指示标志。

必须戴安全帽

机动车道标志

3. 黄色

（1）含义：传递注意、警告的信息。凡是警告人们注意的器件、设备或环境，应涂以黄色标记。

（2）使用实例如下。

①警告标志；

②交通警告标志；

当心火灾

道路交通施工标志

③交通道路路面标志；

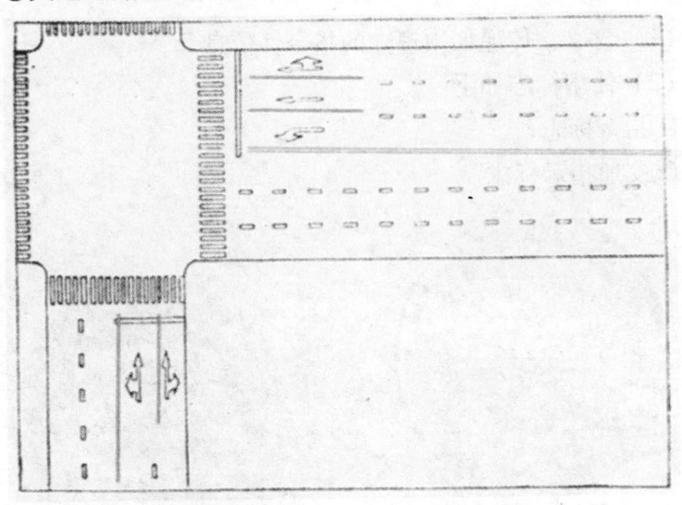

道路交通十字路口的标线

④皮轮带及其防护罩的内壁；

⑤砂轮机罩的内壁；

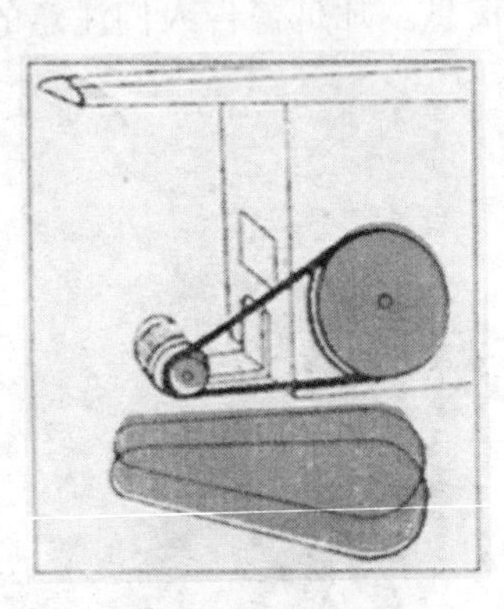

刨床

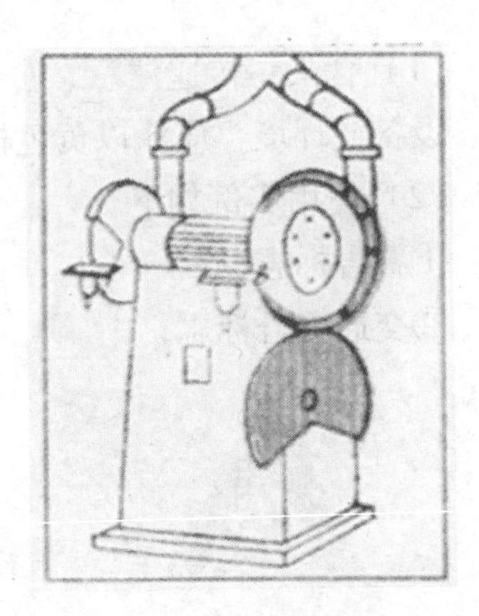

砂轮机

⑥楼梯的第一级和最后一级的踏步前沿；

⑦防护栏杆；

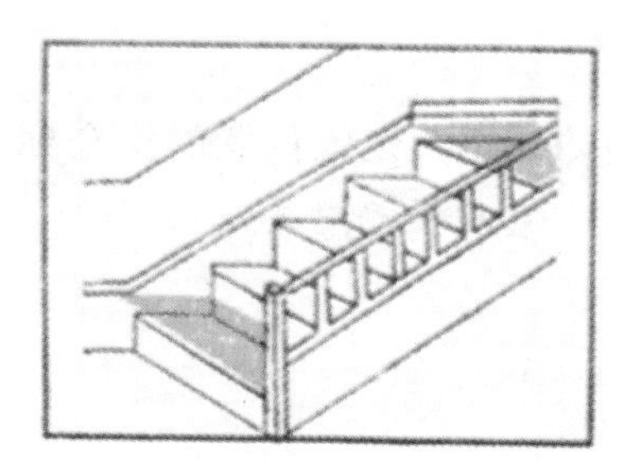

楼梯

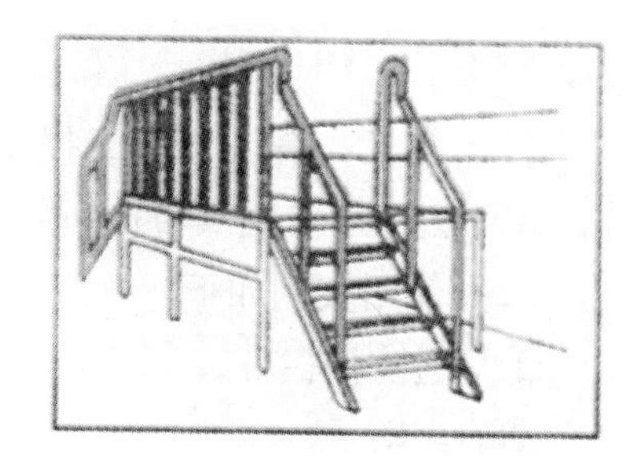

防护栏杆

⑧警告信号旗。

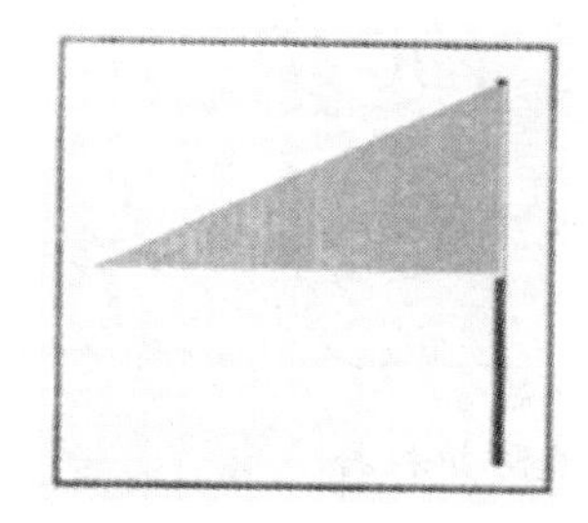

警告信号旗

4. 绿色

（1）含义：传递安全的提示信息。凡是在可以通行或安全情况下，应涂以绿色标记。

（2）使用实例如下。

①表示通行；

②机器启动按钮。

③安全信号旗。

太平门

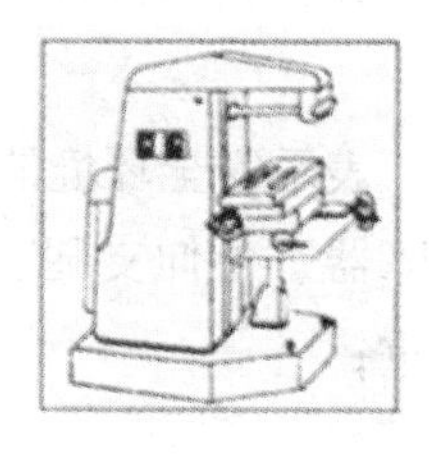

铣床

安全信号旗

5. 红色与白色相间条纹

（1）含义：表示禁止或提示消防设备、设施位置的安全标志。用于公路、交通等方面所用的防护栏杆及隔离墩。

（2）使用实例如下。

①交通防护栏杆；

②隔离墩。

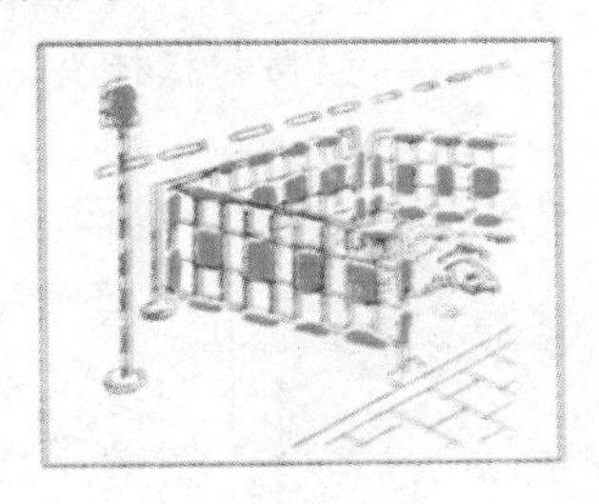

交通防护栏杆

隔离墩

6. 黄色与黑色相间隔的条纹

（1）含义：表示危险位置的安全标记。比单独使用黄色更为醒目，表示特别注意的意思，用于起重吊钩、平板拖车排障器、低管道等方面。黄色与黑色相间隔的条纹，两色宽度相等，一般为 100 毫米。在较小的面积上，其宽度可适当缩小，每种颜色不应少于两条。斜度一般与水平面成 45°角。在设备上的黄黑条纹，其倾斜方向应以设备的中心线为轴，呈对称形。

（2）使用实例如下。

蓝色与白色相间条纹　表示指令的安全标记，传递如须遵守规定的信息。

绿色与白色相间条纹　表示安全环境的安全标记。

①流动式起重机的排障器、外伸支腿、回转平台的后部，起重臂端部，起重吊钩和配重；

②动滑轮线测板；

③塔式起重机的起重臂端部、起重吊钩及配重；

④门式起重机门架下端；

⑤平板拖车的排障器及侧面栏杆；

⑥坑口防护栏杆。

⑦剪板机的压紧装置；

⑧冲床的滑块；

⑨压铸造机的动型板；

⑩圆盘送料机的圆盘；

⑪低管道。

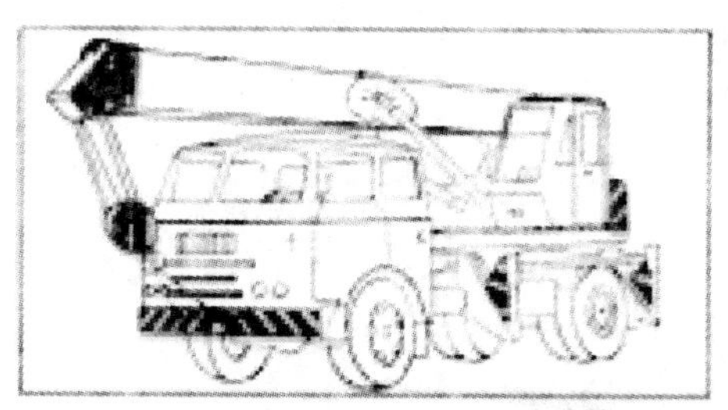

流动式起重机

动滑轮组

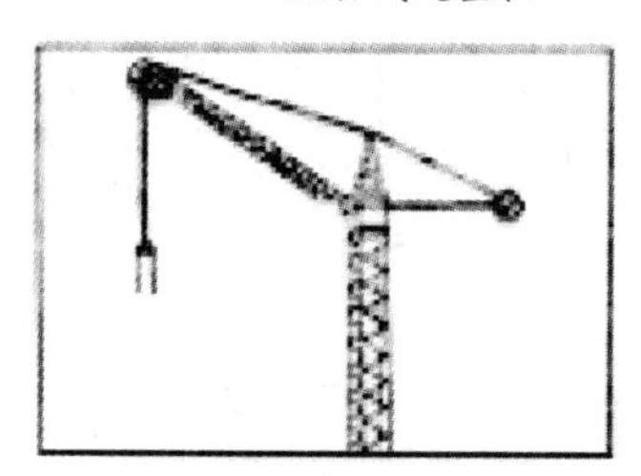

塔式起重机

门式起重机

平板拖车

坑口防护栏杆

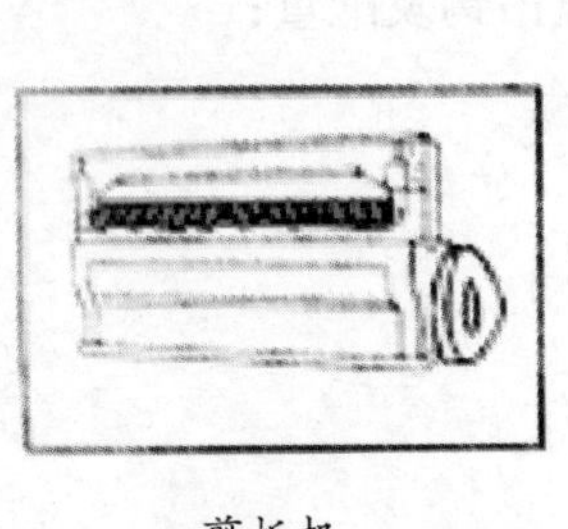

剪板机

冲床

压铸造机

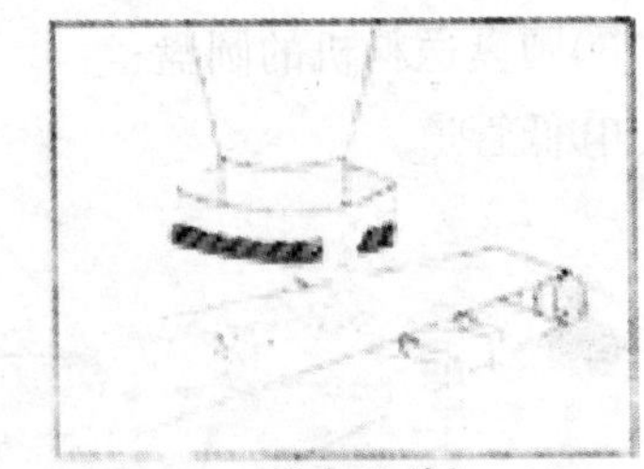

圆盘送料机

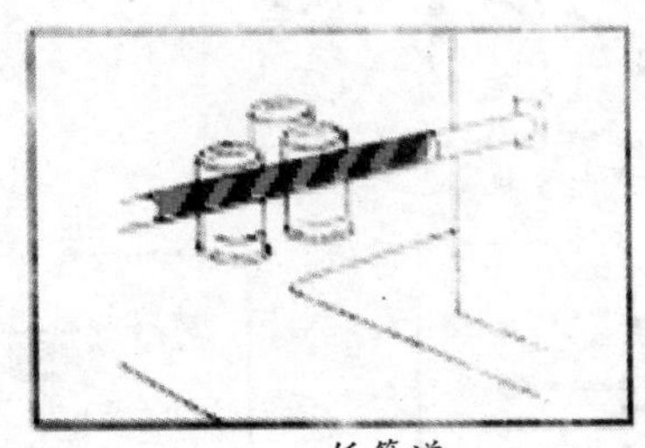

低管道

（三）检查与维修

涂有安全色的部位，应经常保持清洁，如有变色、褪色等不符合安全色的颜色规定时，需及时重涂，以保证安全色正确、醒目。半年至一年检查一次。

三、安全标志的具体应用

在国际上，安全标志用于警告操作维修和其他人员有可能遭受到危险。这些危险一般由功能部件产生，一般有可能在设计时加以解决或装上保护罩，最好是使用专用的安全标志，用以表达特定的安全信息。使具有不同文化程度或使用各种语言的人易于理解。特别是随着全球贸易一体化进程的加快，贯彻应用新标准，使我国工程机械产品与国际接轨，有着现实和长远的意义。

（一）安全标志的类型及其构成

1. 安全标志类型

根据危险情况的严重程度，通过使用危险程度标志高速将安全标志分为三种类型：危险、警告和注意。标志词揭示操作者或维修人员注意存在的危险及危险的相应程度。这三种标志词专用于人身伤害危险，根据受到危险的可能性以及受到危险可能产生的后果和估测，选定一种标志词。

2. 安全标志组合形式

规定了安全标志由符号带、文字带与图示带组合构成，并给出 4 种安全标志的标准形式：

（1）两带式（符号带、文字带）安全标志。

（2）三带式（符号带、图示带、文字带）安全标志。

（3）两带式（图示带、文字带）安全标志。

（4）两带式（两图示带）安全标志。

安全标志中各带的位置可采用竖向或横向排列两种方式，推荐竖向排列。标志形成和排列形式的最终选定，应根据所采用的方式传递的信息最为有效、标识的产品所处的地理和语言区域、法规要求以及安全标志可利用的面积来选定，还须注意便于统一设计。

3. 安全标志的颜色及尺寸

规定了安全标志各带、边框及分隔线的颜色，其中符号带和文字带颜色应按安全标志类型（危险、警告和注意标志词）来确定。

表　安全标志各带、边框及分隔线的颜色与示意

<table>
<tr><th colspan="2">名称</th><th colspan="2">颜色规定</th></tr>
<tr><td rowspan="3">符号带</td><td>危险标志符号带</td><td colspan="2">红底白字，安全警戒符号为白色三角形底色上的红色惊叹号</td></tr>
<tr><td>警告标志符号带</td><td colspan="2">橙底黑字，安全警戒符号为黑底三角形底色上的橙色惊叹号</td></tr>
<tr><td>注意标志符号带</td><td colspan="2">黄底黑字，安全警戒符号为黑色三角形底色上的黄色惊叹号</td></tr>
<tr><td rowspan="2">图示带</td><td>含有三种标志词之一的安全标志</td><td>白底黑图形</td><td rowspan="2">可以使用其他颜色来突出图形的特殊视觉效果</td></tr>
<tr><td>含有安全警戒三角形或基本安全警戒符号的安全标志</td><td>黄底黑图形</td></tr>
<tr><td rowspan="2">文字带</td><td>含有一种标志词的安全标志</td><td colspan="2">黑底白字或白底黑字</td></tr>
<tr><td>不含有标志词的安全标志</td><td colspan="2">黄底黑字或白底黑字</td></tr>
<tr><td>边框</td><td>危险标志的边框</td><td colspan="2">橙色，如须使安全标志与其贴附表面颜色有区别，可另加白色外边框</td></tr>
</table>

	名称	颜色规定
边框	警告标志的边框	红色，如须使安全标志与其贴附表面颜色有区别，可另加白色或黑色外边框
	注意标志的边框	黄色，如须使安全标志与其贴附表面颜色有区别，可另加白色或黑色外边框
带分隔线	各带分隔线均为黑色	

对于安全标志的尺寸，给出了4种对应的推荐尺寸，而且尺寸可按需求进行改变，以提供足够大的文带空间来排列清晰可辨的字符。

（二）危险图示及图形设计规则

安全标志上用的一些危险图示同安全标志上的警告语言文字一样，是传递视觉信息的一种载体，但它区别于抽象概念化的技术文件用图形、符号，具有形象、简明易懂的特点。一方面可快速、准确地传达和交流信息，另一方面为了达到此目的，对危险图示本身的构形要求愈来愈高，因此国际标准化组织ISO/TC127土方机械技术委员会经过几年的努力，制订了ISO9244：1995《土方机械安全标志和危险图示通则》国际标准。标准中也给出了用安全标志上的一些危险图示的图例以及图形的设计规则。这部分是JB 6028—1998旧标准所没有的。

1. 描述危险图示

标准在附录A中给出了一些描述危险图示的图例，在应用中可按需要先取适用的图例或参考这些图例制定其他的描述危险图示。

2. 回避危险图示

新标准的附录B中对于回避危险同样也给出了一些图例，也可按需要制定一些其他的回避危险图示。据了解国内部分工程机械产品上，如轮式装载机的动臂下或铲斗可能受到挤压危险或不稳定的危险区域，就没有安全标志；而国外工程机械产品上都设有安全标志与描述危险图示及回避危险图示，提醒人们注意安全。所以在贯彻新标准时，建议在装载朵整机的动臂和前后车架铰接位置设置安全标志与危险图示。

3. 安全标志示例

新标准中还给出了有文字安全标志和无文字安全标志示例。例如无文字安全标志（无符号带，两图示带，无文字带）在附录C2.1中采用描述危险图示回避危险图示的组合示例明确表过了避开提升臂和铲斗的示例。较有文字的安全标志更醒目、易识别。标准化又必须灵活，不是一成不变的。应该在使用顺检验并进行必要的修改。因此新标准对任何一种安全标志或危险图示都是揭示性的，并指出可需要制订其他的安全标志与危险图示。

4. 危险图示的图形规则

随着现代信息技术的发展，对图示图形设计越来越多地采用计算机辅助设计技术实现。同时，设计程度和高度基本规则的标准化也为表现确定危险图示图形提供了可能。因而新标准第14章中规定了危险图示的图形设计原则的准则。如创作图示的准则，人体图形上部躯干、手、脚、机器、零部件的描绘及箭头，禁止动作或危险位置的传递意图等。对传递描述危险图示和回避危险图示的意图都是重要的。

（三）应用中的注意事项

（1）应用安全标志和危险图示应先避免同一标志图示表示不同的含义，尽可能利用已标准化的危险图示，对于其他危险可按照标准的有关具体要求进行设计，并且满足缩微摄影和计算机处理要求，图示清晰，理解性强。

（2）安全标志的危险图不在工程机械整机上的设置高度应与人眼平视高度大体一致或略高于人体身高，及其他更明显的较高位置，采用的字号应大到足以使操作人员在视野的范围内容易认读。

（3）安全标志和危险图示通常推荐竖向排列方式，安全标志的设置应在与安全有关的醒目处，使操作者或维修人员看到后有足够的时间来注意它所揭示的安全标志或危险图示，而不宜设在安全标志易被遮挡的门窗、架等可移动的零部件上。

（4）工程机械安全标志和危险图示应该成为我国工程机械最低限度的标志，即强制性标志，对工程机械产品的操作和维护中防范对人身的伤害具有重要作用。企业在贯彻新标准的同时，还应实际的需要，去具有转化的细化新标准，使这项行业的新标准得到更好的贯彻实施。

四、安全警示牌、设备标志牌管理规定

（一）安全警示牌

1. 分类

分为安全色、安全标志牌。

2. 配置原则

（1）安全标志应设在与安全有关的醒目位置，便于进入现场

的人员看见，并有足够的时间来注意它所表示的内容。

（2）安全标志牌应设置在明亮的环境中，设置高度应尽量与人眼的视线高度相一致。

（3）当厂区或车间所设安全标志牌的观察距离不能覆盖全厂或整个车间面积时，应多设几个安全标志牌。

（4）在生产场所建筑物门口醒目位置，应根据内部设备、介质的安全要求，按配置规范悬挂相应的安全标志牌。

（5）在地下设施入口盖板上和灭火器存放处应标注禁止阻塞线。

（6）在厂内道路限速区域入口处和弯道、交叉路口处应标注减速提示线。

（7）在发电机组周围、落地安装的转动机械周围以及控制台、配电盘前应标注安全警戒线。

（8）在楼梯的第一级台阶地面边缘处应标注防止踏空线。

（9）在人行通道地面上临时敷设的管线或易造成人身跌绊的其他障碍物上应标注防止绊跤线。

（10）厂房、楼梯主要通道门上方或左右侧装设紧急撤离提示标志。

（二）设备标志牌

1. 配置原则

（1）设备标志牌由设备编号和设备名称组成。

（2）设备标志牌应定义清晰，能够准确反应设备的功能、用途和属性。

（3）同一厂内每一个设备标志牌的内容应是唯一的，不能出现两个及以上内容完全相同的设备标志牌。

（4）设备本体或设备附近醒目位置应配置设备标志牌。

（5）电气、热控盘（柜）本体醒目位置应配置设备标志牌。

（6）现场阀门应配置标志牌，标明阀门名称、编号及开启、关闭操作方向。

（7）生产场所建筑物（锅炉房、汽机房除外）入口处醒目位置应配置建筑物标志牌。

五、消防器材安全标志的定期检查与维护

（一）消防设施维护管理制度

（1）按每年、月、日需要管理、维护的内容，年度工作由消防安全管理人组织，每月由主管安全部门负责人会同专业维保单位组织，每日由主管安全部门班组长负责实施。

（2）每日工作：①检查报警控制器功能是否正常；②检查消防水池和消防水箱的水位、阀门启闭状态；③检查泵房配电动力柜电源指示是否正常；④检查室内消火栓、喷淋管道压力表数值是否正常；⑤检查消火栓、喷淋泵出水管闸阀及单向阀状态；⑥将有关情况记入运行记录。

（3）每月工作：①自动或手动检查防、排烟设备、防火卷帘、室内消火栓、自动喷水灭火系统、气溶胶自动灭火系统、火灾应急广播的控制、显示、运行、联动功能；②每月选取不同区域进行全联动测试，观察消防监控中心消防控制设备信号反馈情况；③对消火栓泵、喷淋泵、稳压泵启动试验，查看配电设施及泵运转情况；④检查主电源、备用电源供电、充电是否正常；⑤定期对设备进行检修和维护，认真填写文字记录，大型检修项目应填写设备技术档案。

（4）每年工作：①委托具有资质的消防设施检测企业对固定消防设施进行一次全面检查测试和维护保养。②每年于两次保养室外水泵结合器，做好防冻措施，与公安消防队联系通过水泵结合器进行消防车加压供水试验。

（二）消防器材维护管理制度

（1）由主管安全部门负责组织落实消防器材维护管理制度。

（2）消防器材按《建筑灭火器配置设计规范》及其他有关规定确定配置数量、型号类型，合理设置分布点。

（3）主管安全部门负责建立灭火器、自救面具等器材的维护保养管理档案，记明类型、配置数量、设置部位和维护管理责任人，并制作维护保养卡进行明示。

（4）每月由各部门维护管理责任人配合安全部门检查责任区域的消防器材情况。

①灭火器材是否放置于干燥、阴凉、易取用的地方；贮气压力是否符合要求，喷射软管有无老化破损及喷嘴堵塞、灭火器箱上锁锁闭现象；②自救面具是否置于易于取用和干燥、避光的指定场所，有无丢失现象；每年组织或委托维修单位对所有灭火器进行一次功能性检查；手提式干粉灭火器距出厂日期 5 年，以后每隔 2 年必须进行水压试验；手提式贮压干粉灭火器有效使用时间为 10 年，推车式贮压干粉灭火器有效使用时间为 12 年，防烟自救面具的有效使用时间为距出厂日期满 5 年，防毒面具为 8 年，到期强制报废；③主管安全部门负责每日检查消防安全标志是否清晰，保持消防安全标志的干净卫生，有破损和污渍要及时更换。

六、理解安全标语的安全内容

安全就是保障，安全就是效益。安全的意义非常重大。

时时事事要讲安全。国家颁布了《安全生产法》，以法律的形式强制要求每个部门、每个人要讲安全。安全要靠法律，要靠制度，要靠安全科学技术，而安全更应该形成一种文化，企业应该把安全文化作为企业文化的组成部分，作为企业文化建设的基础，这样才能使安全深入人心，做到防患于未然。

诚然，安全标语又是安全文化的一个重要内容，它可以起到警示、鼓动等作用。一条好的安全标语胜过千言万语的说教。近年来，在不少部门、行业、企业中，出现了一些既反映本职工特点，又反映安全生产普遍规律、为职工津津乐道的标语，并产生了良好的社会效益。然而就目前多数安全标语来看，还存在诸多问题。

安全标语发展滞后，更新慢。有的标语流传时间较长，人们看后司空见惯，起不到应有的警示与鼓动作用。当然，这可能与我国当前安全生产工作重科技研究、忽视人文建设有关，导致安全生产理论建设落后于实践工作。

有的安全标语缺少人情味。当前一些安全标语，大多数是板着面孔训人，标语的作用本是提高人们的警惕性，而如果总采用威胁式的口吻，严肃过头，则难以令职工接受，适得其反，起不到应有的作用。

有的安全标语缺乏可操作性。有些标语要求，如“彻底杜绝隐患”、“实现‘零事故’”、“杜绝‘三违’”。众所周知，隐患是绝对存在的，这些标语只能代表人们的一种美好愿望和理想追求，在现实中是无法真正实现的，一味强调不可能达到的目标，会让人们对安全工作的目标定位感到茫然，对当前工作成绩的评价出现偏差，误以为干好干坏都一样，甚至出现一种安全工作要凭运气的想法。

为了有效地发挥安全标语的作用，应对其定期检查、定期清洗、发现有变形、损坏、变色、图形符号脱落、亮度老化等现象存在时，应立即更换或修理，从而使之保持良好状况。安全管理部门应做好监督检查工作，发现问题，及时纠正。

另外要经常性地向工作人员宣传安全标语，特别是那些需要遵守预防措施的人员，当建议设立一个新标志或变更现存标志的位置时，应提前通告员工，并且解释其设置或变更的原因，从而使员工心中有数，只有综合考虑这些问题，设置的安全语才能有效地发挥安全警示的作用。

总之，安全标语要符合当前的国情和人们的心态，并吸收当前各种社会人文研究成果，作业人员应该真正理解，才能起到应有的作用。安全标语建设是一项艰巨的任务，需要全社会来关注。注重安全标语的建设和宣传，把安全文化建设提高到一个更高的层次，国家的安全生产形势一定大有好转。

第二节 员工的安全目视化

一、目视管理的定义及目的

目视管理是利用形象直观而又色彩适宜的各种视觉感知信息来组织现场生产活动、达到提高劳动生产率的一种管理手段，也是一种利用视觉来进行管理的科学方法。所以目视管理是一种以公开化和视觉显示为特征的管理方式。综合运用管理学、生理学、心理学、社会学等多学科的研究成果。

目视管理的目的是以视觉信号为基本手段，以公开化为基本原则，尽可能地将管理者的要求和意图让大家都看得见，借以推动看得见的管理、自主管理、自我控制。

二、目视管理的特点及类别

1. 目视管理的特点

（1）以视觉信号显示为基本手段，大家都能够看得见。

（2）要以公开化、透明化的基本原则，尽可能地将管理者的要求和意图让大家看得见，借以推动自主管理或自主控制。

（3）现场的作业人员可以通过目视的方式将自己的建议、成果、感想展示出来，与领导、同事以及工友们进行相互交流。所

以说目视管理是一种以公开化和视觉显示为特征的管理方式，也可称为看得见的管理，或一目了然的管理。这种管理方式可以贯穿于各种管理领域。

2. 目视管理的类别

（1）红牌适宜于“5S”中的整理，是改善的基础起点，用来区分日常生产活动中的非必需品，挂红牌的活动又称为红牌作战。

（2）看板用在“5S”的看板作战中，是使用的物品放置场所等基本状况的标示板。标明物品的具体位置在哪里、做什么、数量多少、谁负责、甚至说谁来管理等重要的项目，让人一看就明白。因为“5S”强调的是透明化、公开化，因此目视管理有一个先决的条件，就是消除黑箱作业。

（3）信号灯或者异常信号灯用在生产现场，使第一线的管理人员随时知道作业员或机器是否在正常地开动、是否在正常作业。

三、目视管理的实施方法和优点

目视管理实施得如何，很大程度上反映了一个企业的现场管理水平。无论是在现场，还是在办公室，目视管理均大有用武之地。在领会其要点及水准的基础上，大量使用目视管理将会给企业内部管理带来巨大的好处。

1. 目视管理的实施方法

目视管理本身并不是一套系统的管理体系或方法，因此也没有什么必须遵循的步骤。如果说一定要列出推行的方法，那么通过多学多做、树立样板区，然后在公司全面展开是可取的。

目视管理的实施可以先易后难，先从初级水准开始，逐步过度到高级水准。

在实施过程中充分利用好红牌作战及定点摄影是十分有益的。

目视管理作为使问题“显露化”的道具，有非常大的效果。但是，仅仅使用颜色，不依具体情况在“便于使用”上下工夫，是没有多大意义的。因此，发挥全员的智慧、下工夫使大家“都能用、都好用”是实施目视管理的重要之所在。

根据事故统计资料分析，绝大部分事故都是由于员工违反操作规程引起的。对事故进行处理时往往发现企业有规章制度，但操作人员了解不够、认识不足，因此执行不力。规章制度的要求与现场执行存在很大的差距。如何使规章制度在现场得到有效执行是决定安全生产效果的关键。目视管理正是提高执行力的有效手段。目视管理也是一种现场管理方法，目视管理可以应用在现场的安全管理、生产管理、质量管理、设备管理、定置管理和目标管理等方面。目视管理可以使生产现场的各种要求直观化，也使操作人员能够方便学习、正确处理，因此能大大提高现场安全的程度。

2. 目视管理的优点

（1）目视管理形象直观，有利于提高工作效率。现场管理人员组织指挥安全生产，实质是在发布各种信息。操作人员进行生产作业，就是接收信息后采取行动的过程。生产系统高速运转，要求信息传递和处理既快又准。如果与每个操作人员有关的信息都要由管理人员来直接传达，不知要配备多少管理人员。目视管理就是通过现场的图片、图形、色标、文字等视觉信号，迅速而准确地传递，将复杂的信息（如安全规章、生产要求等）具体化和形象化。并能实现安全管理规章、生产要求等与现场、岗位的有机结合，从而实现各岗位人员的规范操作，有利于提高工作效率。

（2）目视管理透明度高，便于现场人员互相监督。目视管理对现场操作人员的相关要求是公开化的，能提示每一个进入该现场人员的操作行为，有利于操作人员的默契配合，同时也是对操作人员违规行为的约束，将其操作行为置于公众的监督之下。目

视管理起到预先作用，使操作人员进入现场就便于互相监督，共同遵守安全生产有关规定。

（3）目视管理有利于产生良好的生理和心理效应。目视管理的长处就在于，它十分重视综合运用管理学、生理学、心理学等多学科的研究成果，能够比较科学地改善同现场人员视觉感知有关的各种环境因素，这样就会产生良好的生理和心理效应，调动并保护操作人员的生产积极性。例如通过生产现场的安全提示、安全警示，为操作人员在劳累的时候、疏忽的时候有一个及时的提醒，避免不必要的人身伤害。又如，安全通道的设置可以引导操作人员在生产现场安全行走；通过设备危险部位的图片展示，可以引导操作人员对危险因素的防范作用；通过生产中重要和复杂部位的示范操作图片，使操作人员比较容易掌握和规范自己的操作行为。例如通过作业环境颜色的改变，可以防止作业人员的视觉疲劳等。

四、目视管理的应用

1. 规章制度与工作标准的公开化

为了实现安全生产和文明生产，凡是与现场操作人员密切相关的规章制度、标准、定额等，都需要公布于众。与操作人员有关的要求，应分别展示在岗位上，如岗位责任制、操作程序图、工艺规程等，并要始终保持完整、正确和有效。

2. 生产任务与完成情况的图表化

凡是需要大家共同完成的任务都应公布于众。实际完成情况也要相应地按期公布，使大家看出各项计划指标完成中出现的问题和发展的趋势，并以图表显示，以促使操作人员都能按质、按量、按时地完成各自的任务。

3. 与定置管理相结合，规范摆放各类物品

为了消除物品混放和误置，必须有完善而准确的信息显示，

如半成品区、产品待检区、合格产品区、废品区，包括标志线、标志牌和标志色。因此，目视管理要与定置管理有机结合。采用视觉符号，按定置管理的要求，规范摆放各类物品。

4. 与设备管理相结合，避免误操作

设备安全是现场本质安全的重要方面，设备的危险部位（如有刀具的部位）用图片等视觉形式给予展示，使操作人员引起重视，是预防事故的重要措施。设备的使用方法（如灭火器的使用），用图片等视觉形式讲解，使操作人员能尽快掌握要领，规范操作。用不同的颜色代表各类管道、阀门中的不同介质，并且用箭头清晰地标出介质的流向，避免误操作。

5. 与质量管理相结合，及时处理质量异常情况

产品质量控制也要实行目视管理。例如在各质量控制点，要有质量控制图，以便清楚地显示质量波动情况，及时发现异常、及时处理。车间要利用板报形式，将“不良品统计日报”公布于众，当天出现的废品要陈列在展示台上，由有关人员会诊分析，确定改进措施，防止再度发生。

6. 与安全管理相结合，安全隐患公布于众

好多安全事故都是在小事上、在细节上没有引起重视，没有预防措施，出事以后又没有正确的应对措施，最后酿成大祸。在安全检查中发现的事故隐患，就事论事解决还不够，为了不犯重复错误，可以充分发挥目视管理的长处，将事故隐患现场、被事故毁坏的现场及事故造成的损失等，通过图片等视觉形式公布于众，给员工进行安全教育和安全警示，进一步提高员工的安全意识和安全责任。

7. 企业员工着装的统一化与实行挂牌制度

企业员工按不同部门、工种和职务的统一着装，可以体现职工队伍的优良素养，显示企业内部不同部门、工种和职务之间的区别，

因而还具有一定的心理作用，使人产生荣誉感和责任心等为组织指挥生产创造了一定的方便条件。也能约束擅离职守者和违章操作者。实行挂牌制度，经过考核良好者与合格者佩戴不同颜色的臂章，不合格者无臂章。这样就能起到鼓励先进、鞭策后进的激励作用。

五、推行目视管理的基本要求

推行目视管理，要防止搞形式主义，一定要从企业实际出发，有重点、有计划地逐步展开。在这个过程中，应做到的基本要求是：统一、简约、鲜明、实用、严格。

统一，即目视管理要实行标准化，消除五花八门的杂乱现象。

简约，即各种视觉显示信号应易懂，一目了然。

鲜明，即各种视觉显示信号要清晰、位置适宜，现场人员都能看得见、看得清。

实用，即不摆花架子，少花钱、多办事，讲究实效。

严格，即现场所有人员都必须严格遵守和执行有关规定，有错必纠，赏罚分明。

六、生产现场的目视管理

1. 标准

（1）区域线、定位线：一般物品的摆放区域使用黄色区域线，线宽50毫米；生产中的废品、化学品、危险品摆放的位置使用红色区域线，线宽50毫米；卫生用品的存放区域使用白色区域线，线宽50毫米；电气柜、消防栓等区域使用红色斑马线，线宽50毫米，斑马区宽300毫米。区域内物品的定位采用四角定位法；各区域线的大小视摆放物品的大小而定，物品摆放的位置与区域线的距离为大于30毫米、小于400毫米。区域线可用油漆绘制，也可使用粘贴色带。

物质种类	基本识别色	色样	颜色标准编号
水	艳绿		G03
水蒸气	大红		R03
空气	淡灰		B03
气体	中黄		Y07
酸或碱	紫		P02
可燃液体	棕		YR05
氧	淡蓝		B06

（2）管道：作业现场管道颜色执行《GB 7231—2003 工业管道的基本识别色、识别符号和安全标识》。

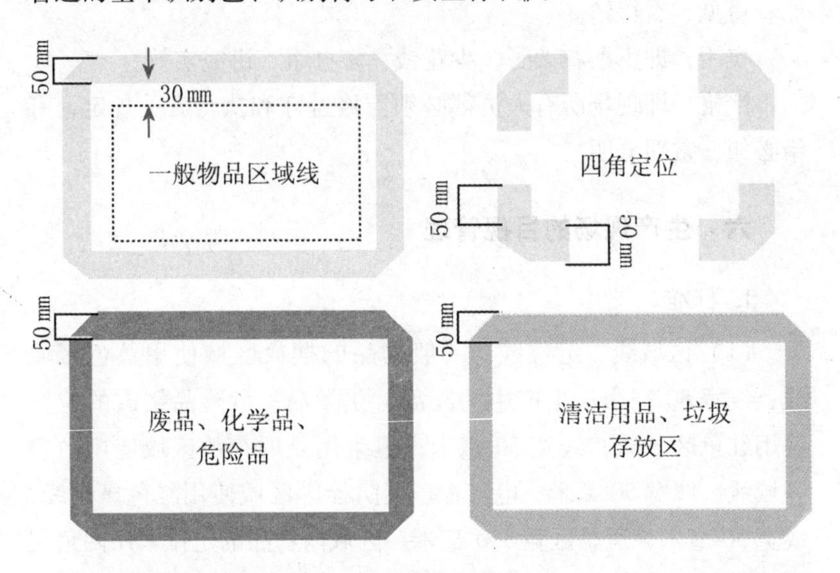

工业管道的识别符号由物质名称、流向和主要工艺参数等组成，物质名称包括物质全称（如氧气、氩气、乙炔气）和化学分

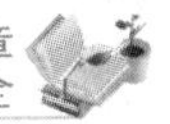

子式（如 O_2、Ar、CO_2）。

壳体打胶保温 → 安装大部件 → 管路焊接 → 保压查漏 → 风机安装 → 机组布线接线 → 抽真空 → 标识标贴 → 盖子安装 → 调试 → 终检

工艺流程图

对于氧气、乙炔管道，在出口端近处管道上涂 150 毫米宽黄色，在黄色两侧各涂 25 毫米宽的黑色色环或色带。

消防专用管道上标识“消防专用”。

2. 作业管理

（1）作业流程及作业工序标示：作业流程和作业工序名称的标示可结合现场具体情况确定。作业工序标示内容要包含工序编码和工序名称。

（2）作业指导卡：执行技术工程部确定的标准作业卡。

3. 物品管理

（1）可移动物品管理：确定存放地点及管理负责人，对物品有管理要求的，要将管理内容纳入标示，标示塑封后固定于物品存放区域。

（2）固定设施管理：确定管理负责人，对物品有管理要求的，要将管理内容纳入标示，标示塑封后固定于设施上。

（3）生产现场配件管理：产品配件标示要包括配件编码、名称、存放数量、外观照片，置于该配件存放点。对于使用储物箱在物品架上存放的零部件，要在储物箱外端（面对使用人端）粘贴带有零部件编码和名称及实物图片内容的标示，在储物箱对应的物品架位置，粘贴带有零部件名称、编码、实物图片（与储物箱上的实物图片一致）及存放数量的标示。

（4）灭火器：灭火器前画出禁用区域，除已有的使用方法标示牌外，要在柜体侧面加挂点检记录。

（5）电气柜（箱）：按相关要求对装置编号，将所确定的责任人信息（照片、姓名、职务或工种）及管理要求（应符合责任人工种和技能要求）纳入标示卡，并固定于装置上。

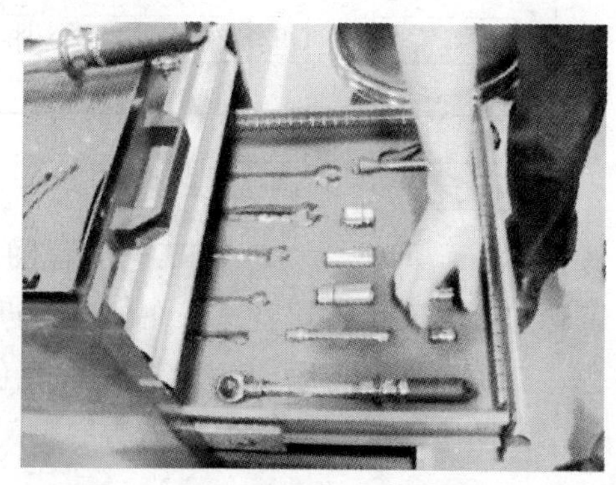

（6）刀具管理：对刀具采用形迹管理，并在刀具近边加上含有刀具名称和型号、规格的标示。

（7）公用工具形迹管理：对公用工具采用明示形迹管理、制作使用人挂牌结合管理。

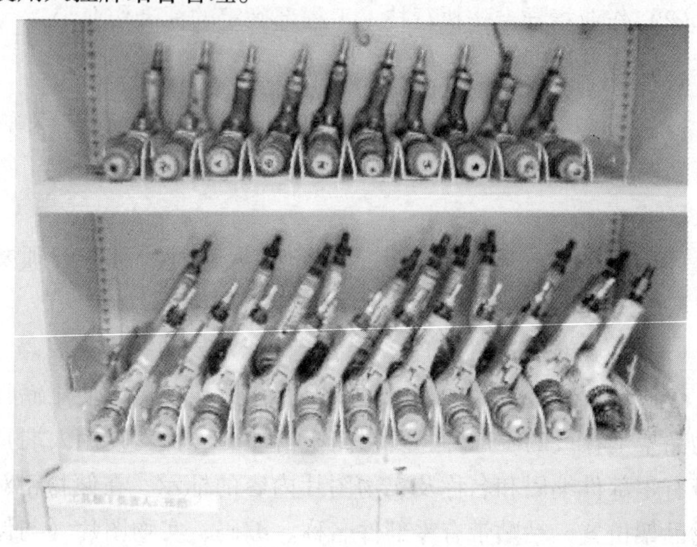

(8) 生活用品管理：对水杯采取集中放置管理方式，每个水杯放置位置要标示确定。

(9) 废弃物存放箱管理：按可回收、不可回收、危险废物分类设置并加以标示，在每一类废弃物存放箱上将其使用范围内产生的该类废物信息进行集中标示，废物信息包括废物名称和实物照片。

4. 设备管理

(1) TPM 管理：按运营管理部设备保养的管理标示执行。

(2) 设备状态：按资产管理部策划的管理标示执行。设备状态包括运行中、维修、停台、封存等。

5. 品质管理

现场零配件状态，包括待检、返修、合格、废品等。

6. 安全管理

(1) 安全警示：对识别出的危害因素场所设置相应的警示标示，尽可能选用符合国标的标示。安全提示语可根据现场确定制作。

(2) 作业现场逃生路线图：以封闭区域为单元绘制逃生路线

图，标明人员流动方向，将图张贴于作业现场容易观看的明显区域，并告知此范围内员工。按运营管理部要求实施。

（3）安全日历：每个生产单元在公示栏内增加本单位安全生产天数。

（4）安全操作规程：将安全操作规程制作成看板或塑封的张贴页，置于作业场所。

7. 其他

（1）班前站队队列线：在站队固定位置标出队列线，不应与周边视觉产生冲突或影响场地使用。

（2）班组资料管理：做到整齐划一，资料归类定置，资料盒标示要符合标准。

（3）班组管理专题看板：图示看板展示的管理内容，各班组要积极开展，展示的形式可结合班组的现场实际把握。

（4）提案管理：图示看板展示的管理内容，各班组要积极开展，展示的形式可结合班组的现场实际把握。

（5）提示语：根据作业现场需要，如发生过的问题、重要的工作环节等情形制作提示语，张贴于作业现场。

七、现场作业电气安全目视化

完善人员安全目视化管理。针对机组多、检修工作量大等实际情况，可进一步加强外协人员安全管理，确保在生产现场安全文明施工。要求外协人员进厂必须佩戴统一制作的出入证和安全上岗证，安全帽粘贴施工单位名称标示，现场检

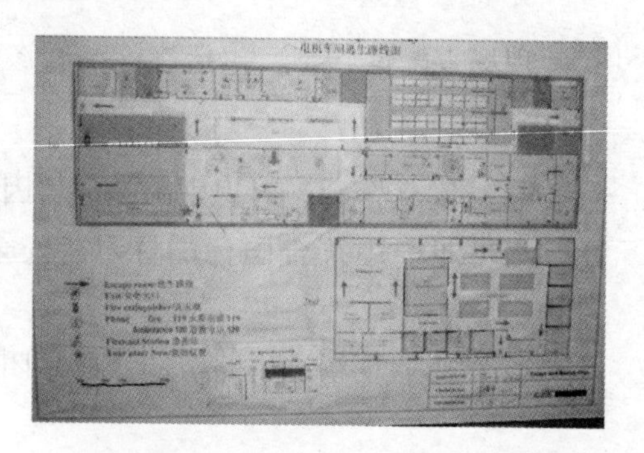

修项目负责人和监护人必须佩戴“红袖章”上岗，让人从着装和佩戴就能一目了然地了解进入生产现场人员的工作性质和应履行的安全职责。

完善电气安全目视化管理。可进一步加强设备精益化管理，做到标准规范。在生产现场主要热工、电气保护回路的控制柜上，全部张贴“保护回路，注意防护”的标识，时刻提醒每一位在此工作的职工要保持严细认真的工作作风，全面做好安全风险分析，确保万无一失。通过这些精细的标识，最大限度减少操作失误，杜绝人为责任，提高设备运行可靠性。

推行岗位安全温馨提示目视化管理。如在运行岗位的操作台上放置“当前缺陷一览表”，提醒接班人员关注设备缺陷，加大巡检次数，加强系统参数监视，防止误操作；在热控 DCS 工程师站内“保持质疑工作态度，操作之前问个明白”、“保护投解，再三确认”的提示牌，告诉工作人员任何一个细小的操作都容不得半点马虎；还在现场标有相应设备的安全操作规程和临时用电管理规定，通过这样的目视化管理，使安全生产管理制度现场化。

现场作业电气安全目视化管理是任何一个企业管理的工作重点，也是一个难点，一个整洁、规范的工作现场不仅会给人留下深刻的印象、改善员工的工作环境，更重要的是可以提高工作效率、改进工作作风、保障工作平安。

目视化管理作为现场管理的一个有效工具已被广泛应用于实际。作业现场电气安全，可通过目视化展板、标识、说明、提醒等形式实现安全可视化管理，让安全管理透明、直观，创造良好的安全氛围并更好地服务基层。

1. 人员目视化管理

（1）公司员工按照统一要求规定着装，外来人员（参观、指导或学习等）和其他承包商员工进入公司生产作业场所，其劳保着装必须符合该作业场所的安全要求。

（2）所有人员进入生产作业场所必须经过安全培训，合格后发放并佩戴入厂许可证，方可进入生产作业现场。

①按照入厂工作需要不同，将入厂许可证分为参观用白色入厂许可证、安全监督人员用红色安全监督证、生产指挥人员用蓝色入厂许可证、公司操作员工用绿色入厂许可证、固定承包商员工用黄绿两色相间入厂许可证及临时作业的承包商员工用黄色入厂许可证六类。

②入厂许可证必须在安全环保部门编号归档，定期更新。

（3）管理人员必须按照作业现场安全管理相关内容为进入作业现场的每位作业人员配备符合要求的安全帽，没有佩戴安全帽的人员一律不能进入作业现场。

（4）在作业现场从事特种作业的人员（如高处作业、电工作业）必须通过本单位的安全培训并考核合格后发给相应的目视管理标签，并贴于安全帽上，方可从事相应的作业。相关现场管理人员作为作业现场的安全责任人员应对于目视管理标签的发放工作进行监督管理。

2. 工具目视管理

在变电站很容易出现安全事故的工具有电动工具、检测仪器、绝缘防护用具等。其实施目视化管理的内容与要求是：所有

工器具入厂时必须进行检查，电力安全用具必须进行入厂及定期耐压试验。长期工作使用的，必须每季度进行一次检查，检查合格，以“检查合格证”的形式粘贴于工具的开关、插座或其他明显位置，以确认该工具合格。

3. 设备目视化

设备包括公司在生产、运营、试验等活动中可供长期使用的设备、辅助设备及其附件等物质资源。其管理内容与要求是：

（1）设备投用前，在设备明显部位标注明确的设备名称及编号。

（2）投用设备后应制作设备状态指示牌，设备状态指示牌分为“在用”（专指仪器仪表）、“运行”（专指电力运行设备）、“备用”、“检修”、“待修”、“停用”六种，根据不同设备状态挂不同指示牌。

（3）设备控制盘按钮及指示装置应标注指示及说明，原有英文说明的，翻译成中文后标注，或在明显位置标明中英文对照表。

（4）设备厂房或控制室开关设有标签标注控制对象。

（5）设备使用单位在设备投产正常后，制作设备管理卡、待检修设备牌及区域责任牌。

（6）对设备可能造成严重危害的操作必须有操作警示。

（7）设备操作规程应在设备附近挂牌标明设备操作步骤。

（8）特种设备投产后应制作检查牌，并粘贴于该特种设备明显位置。

总之，在电气作业现场实施安全目视管理可以有效提高作业现场安全管理工作的效果，在作业现场的所有人员可以通过目视明白作业现场存在的安全隐患及各工具的完整性状态，并且可以自觉远离安全隐患。现场安全管理人员可以及时发现及消除作业现场的各项安全隐患，大大减小作业现场发生安全事故的可能性。

八、现场作业搬运目视化

（1）档案管理，由物业管理人员专人负责。

（2）现场人员登记造册，施工管理人员、施工班组人员身份证复印件整理归档，交由物业管理人员，统一登记发放证件，必须持证上岗。

（3）爱护公共设施，严禁恶意破坏，互相监督、检查、举报。做好施工现场每日例会记录、每周例会记录、临时现场会议记录等。

（4）施工作业时工作区域、楼梯间禁止吸烟。

（5）施工现场楼梯间严禁大小便，必须到指定厕所，厕所使用后要及时清洗。

（6）材料物品整齐堆放，不沿途遗洒，并及时清扫维护。施工中楼梯间、电梯间产生的垃圾，必须及时进行清理，做到工完料清。

（7）现场施工人员的着装必须保持统一，规范、整洁。

（8）团结一心，关心他人，坚决杜绝酒后上岗、醺酒闹事、打架斗殴、拉帮结伙、恶语伤人等情况。

（9）施工过程中严禁违章指挥和违章操作。

（10）施工机械等噪声采取严格控制，最大限度减少噪声扰民。

（11）工地所有临时用电由专业电工（持证上岗）负责，其他人员禁止接驳电源。

（12）施工负责人、施工人员必须严格遵守物业管理部门制定的现场管理制度，如有违章作业或违反以上管理制度的行为，根据情节进行相应的处罚。

九、仓库管理目视化

1. 仓库日常管理

（1）仓库保管员必须合理设置各类物资和设备的明细账簿和台账。仓库必须根据实际情况和各类货物的性质、用途、类型分门别类建立相应的明细账、卡片；财务部门与仓库所建账簿及顺序编号必须互相统一、相互一致。备品备件应建立账卡。

（2）必须严格按照仓库管理的流程规程进行日常操作，仓库保管员对当日发生的业务必须及时逐笔登记台账，做到日清日结，确保货物进出及结存数据的正确无误。及时登记台账，保证账物一致。

（3）做好各类物料的日常核查工作，仓库保管员必须对各类库存物资每月进行检查盘点，并做到账、物、卡三者一致。必须定期对每种货物进行核对并记录，如有变动及时向领导反映，以便及时调整。

2. 入库管理

（1）货物进库时，仓库管理员必须凭送货单、检验合格单办理入库手续；拒绝不合格或手续不齐全的物资入库，杜绝只见发票、不见实物或边办理入库边办理出库的现象。

（2）入库时，仓库管理员必须查点物资的数量、规格型号、合格证件等项目，如发现物资数量、质量、单据等不齐全时，不得办理入库手续。未经办理入库手续的物资一律视为待检物资处理放在待检区域内，经检验不合格的物资一律退回，放在暂存区域，同时必须在短期内通知经办人员负责处理。

（3）入库单的填写必须正确完整，客户名称应填写全称并与送货单一致。入库单上必须有仓库保管员及经手人签字，并且字迹清楚。

3. 物资的储存保管

（1）货物的储存保管，原则上应以物资的属性、特点规划设置仓库，并根据仓库的条件进行划区分工。仓库内所有物品摆放应按照已经划分的区域进行摆放，其区域不得出现与之不符的物品。对废品要及时清理，保持车间内的整洁。

（2）货物堆放的原则是：在堆垛合理安全可靠的前提下，推行五五堆放，根据货物特点，必须做到过目见数、检点方便、成行成列、文明整齐。物资必须按类别、固定位置堆放。注意留通道，做到整齐、美观。填好货物卡，把货物卡挂放在显眼位置。

（3）仓库管理员应加强责任心，坚守岗位，不能无故离岗。对突发事件能及时处理和协调，保证各项工作的顺利进行，严防意外事故发生。

（4）仓库保管员对库存、代保管以及设备和工具等负有经济责任和法律责任。因此坚决做到人各有责、物各有主、事事有人管。仓库管理货物如有损失、贬值、报废、盘盈、盘亏等，保管员不得采取“发生盈时多送，亏时克扣”的违纪做法。

（5）保管物资要根据其自然属性，考虑储存的场所和保管常识处理，加强保管措施，务使货物不发生保管责任损失。同类物资堆放，要考虑先进先出，发货方便，留有回旋余地。

（6）库存物资，未经公司主要领导同意，一律不准擅自借出。

（7）仓库要严格保卫制度，禁止非本库存人员擅自入库。

（8）仓库严禁烟火，明火作业需经领导批准。保管员要懂得

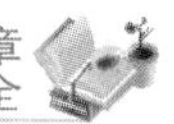

消防器材的使用和必要的防火知识。

4. 出库管理

（1）各类货物的发出，原则上采用先进先出法。货物出库时必须填写出库单作为发货依据，办理出库手续。

（2）提货人和仓管员应核对物品的名称、规格、数量、质量状况，核对正确后方可发货。

（3）仓管员应开具出库单，经提货人签字，同时发货人员签字。完整的出库单用于登记入卡、入账和存根。

5. 仓库盘点流程

（1）盘点准备：仓库主管将盘点已经审核生效的单据记账。仓库主管组织仓库人员对货品进行分区摆放。

（2）盘点进行：仓库主管组织仓库人员对自己所管货物进行初盘。以盘点表记录初盘结果。出现差异仓库应自查原因。

（3）盘点规定：仓库盘点工作一般每季进行一次，时间为季末最后两天。头天完成初盘工作，第二天进行复盘工作。参加盘点工作的人员必须认真负责，货品名称、规格型号必须明确；数量一定是实物数量，真实准确；绝对不允许重盘和漏盘。由于人为过失造成盘点数据不真实，责任人要负过失责任。对于盘点结果发现属于保管人员不按货品要求收发及保管货物造成损失，保管人员要承担经济赔偿责任。

6. 作业工具管理

对于损毁工具，应上报库管员填报工具损毁单，注明损毁原因，分清责任进行处理。正常使用情况下损毁的工具，原则上交旧领新，缺失的工具由仓库管理员及时提报购置计划尽快补齐。

7. 其他有关事项

（1）仓库管理员记账要字迹清楚，日清月结不积压。

（2）允许范围内的误差、合理的自然损耗所引起的盈亏，每次都必须盘点上报，以便做到账、卡、物一致。

（3）保管员调动工作，一定要办理交接手续，移交中的未了事宜及有关凭证，要列出清单三份，写明情况，双方签字，领导见证，双方各执一份，存档一份，事后发生纠葛，仍由原移交人负责赔偿。对失职造成的亏损，除原价赔偿外，还要给纪律处分。

（4）库内严禁携带火种，严禁吸烟，非工作人员不得进入库存内。

（5）仓管员要认真做好仓库的安全工作，经常巡视仓库，检查有无可疑迹象。要认真做好防火、防潮、防盗工作，检查火灾危险隐患，发现问题应及时汇报。

·第四章·
勤查事故危险点　作业现场保平安

第一节　造成安全生产事故的主要原因

一、安全生产意识淡薄是造成事故的最大隐患

1. 安全生产意识淡薄是造成安全生产事故的最大隐患

许多职工入厂后虽经短时间的安全教育，但由于缺乏工作实践，对安全生产的认识较差，认为最重要的是学技术，掌握生产技术才是硬本领，而对学习安全知识、掌握安全生产技术则很不重视。更有些人抱着侥幸心理，认为伤亡事故离自己十分遥远，不会落到自己头上，但是血的教训告诉我们，安全生产意识淡薄是最大的隐患。

2. 未经培训上岗，无知酿成悲剧

有的生产经营单位招聘了职工后，不进行厂、车间、班组三级安全教育。职工未经安全生产、劳动保护培训就上岗，缺乏最基本的安全生产常识，冒险蛮干，违章作业，一旦发生事故，则惊慌失措，往往因此酿成悲剧。

3. 违反安全生产规章制度导致事故

企业的安全生产规章制度是企业规章制度的一部分，是建立现代企业制度的重要内容，企业全体员工上至厂长经理，下至每一名工人都必须遵守。尤其是新工人更应该注意，来到一个新的陌生的环境，往往在好奇心的驱使下忘记了企业的安全生产规章制度，对什么东西都想动一动、摸一摸，往往就因此造成了工作事故，使自己受到伤害，或者伤害他人，或者被他人伤害。

因不落实安全规章制度而造成的劳动环境存在以下不安全状态：

（1）防护、保险、信号等装置缺乏或有缺陷。

（2）设备、设施、工具、附件有缺陷。结构不符合安全要求，通道门遮挡视线，制动装置有缺陷，安全间距不够，拦车网有缺陷，工件有锋利毛刺、毛边，设施上有锋利倒棱。

（3）强度不够。机械强度和绝缘强度不够，起吊重物的绳索不符合安全要求。

（4）设备在非正常状态下运行。带“病”或超负荷运转。

（5）维修、调整不当。设备失修，地面不平，保养不当，设备失灵。

（6）个人防护用品用具缺少或有缺陷。

（7）生产（施工）场地环境不良。

①照明光线不良，照度不足，作业场地烟尘弥漫，视物不清，或光线过强；

②通风不良，风流短路，停电停风时放炮作业，瓦斯排放未达到安全浓度时放炮作业，瓦斯浓度超限；

③作业场所狭窄、作业场地杂乱，工具、制品、材料堆放不安全；采伐时，未开“安全道”。

（8）交通线路的配置不安全，操作工序设计或配置不安全，地面滑，地面有油或其他液体，冰雪覆盖，地面有其他易滑物。

4. 违反劳动纪律造成事故

一个不以严格的纪律要求员工队伍的企业，是一个缺乏市场竞争力和企业。血的教训一再告诉我们，一名不遵守劳动纪律的职工，往往就是一起重大事故的责任者。违反劳动纪律的主要表现如下：

（1）上班前饮酒，甚至上班的时候饮酒。

（2）上班无故迟到，下班早退。

（3）工作时间开开玩笑，嬉戏打闹。

（4）不按规定穿戴工作服和个人防护用品。

（5）在禁烟区内随意吸烟，乱扔烟头。

（6）不坚守岗位，随意串岗聊天。

（7）企业生活无规律，上班时无精打采。

（8）工作时不全神贯注，思想开小差。

（9）上夜班时偷偷睡觉。

（10）不服从上级正确调度指挥，自作主张随意更改规章。

（11）无视纪律，自由散漫，上班时间吊儿郎当。

5. 违反安全操作规程十分危险

安全操作规程是人们在长期的生产劳动实践中，以血的代价换来的经验总结，是工人在生产操作中不得违反的安全生产技术规程。员工在生产劳动中如果不遵守安全操作规程，后果将十分

危险，轻则受伤，重则丧命，对此，每个员工都万万不可掉以轻心。

二、安全培训很重要

安全存在于社会各行各业、各个环节之中。对我们身处生产一线的职工来说，安全不仅属于企业，也属于社会、属于家庭、属于自己。安全是铁路运输的生命线，是运输生产永恒的主题，铁路运输安全不仅影响着企业本身的生产效率和经济效益，也对社会政治和经济造成重大影响。

1. 搞好安全教育培训就是保证职工自觉地按客观规律办事

职工的安全教育是保证运输生产安全的关键，只有职工在安全意识上从一种本能的反应上升到在主观上去认识运输生产的客观规律、去阻止和预防安全事故的发生，主观认识到安全的重要性，才能真正抓好运输生产安全，因此安全教育是必不可少的一部分。要想做好安全教育就得从职工思想入手，在对安全的认识上，有两种看法：一种看法认为事故发生是必然现象，只要火车一动，就必然有事故发生，事故是不可避免的。这种看法是把安全与生产对立起来，看不到安全对生产的促进作用，认为安全生产的规律是不可认识、不能把握的；另一种看法认为发生事故是偶然现象，事故是可以认识的，在正常情况下，事故是可以避免的。从哲学的因果关系来看，事物有偶然性和必然性。偶然性是指在同样条件下，某种现象可能发生、也可能不发生，可能这样发生、也可能那样发生的趋势。必然性是指在一定条件下，某种现象必然发生，且合乎规律、不可避免的趋势。凭经验和直觉了解生产过程中的安全问题，是很不够的。而能事先预测到发生事故的可能性，掌握事故发生的规律，做出定性和定量的分析和评价，并根据评价结果提出相应的措施，防止和消除事故的发生，确保安全生产，这就需要职工从思想认识来做保证。只有对职工做好安全教育，提高职工对安全管理的重视和认识程度，才能真正确保安全。

2. 搞好安全教育培训是保护职工生存权的重要措施

安全管理是按照安全生产的客观规律，通过提高职工队伍素质，提高执行规章制度的自觉性，改善劳动条件，最有效地调动劳动安全生产的积极性，实现安全生产，达到杜绝事故和减少事故、减少和减轻对职工的伤害、保护劳动者的健康和安全。因此，抓好安全教育是保护职工生存权的重要措施。

3. 搞好职工的安全教育培训是保证安全不可缺少的重要手段

职工有安全教育培训，有安全就有效益。实践证明，再好再新的设备，只要使用者不认真照样会发生事故。相反，设备虽然落后一点，只要狠抓管理，加强维护工作，保证设备处于良好状态，就有可能避免重大事故的发生。再有一点就是职工的安全意识、职业责任、劳动纪律、技术作业标准、群体安全和生产过程中的自控、互控、他控都要靠人的控制能力去体现或完成。因此，安全教育是保证安全不可缺少的重要手段。

4. 安全意识和对安全的可控能力是生产安全的重要因素

人的意识影响人的行为，安全意识只是一种安全愿望，职工要实现这种愿望，必须通过以自身的安全素质和技能为支撑的行为去实现。因此，应通过各种途径与渠道，大力开展职工安全知识技能的教育培训，切实提高职工在劳动作业过程中对安全的可控能力。生产任务繁重时，部分职工会存在“重生产轻安全”的想法，有些在潜意识中存在凭经验、凭感觉的侥幸心理。这种状况对职工安全意识的侵蚀作用，必须引起高度警觉。

职工的安全意识是安全生产的重要保证，不同的管理产生不同的安全质量。如果企业职工不能够深刻地认识到这一点，只靠被动地、外在各方面的压力来推动安全的进程，早晚有一天会因为不重视安全而自食其果。只有不断改进和完善对职工安全教育培训，建立全新的适应发展要求的安全管理方法，才能确立“安全第一”的思想在发展中的地位。

三、违反劳动纪律后果严重

（1）酒后上岗、值班中饮酒，精神亢奋、思维混乱，易导致冒险操作及误操作。

（2）脱岗、窜岗、睡岗不能及时发现异常状况，不能及时沟通信息。

（3）误传调度指令，贻误时机、损坏设备、人员伤亡。

（4）工作不负责任，擅自离岗，玩忽职守，违反劳动纪律。不能及时发现异常状况、发现异常状况视而不见、不能及时沟通信息。

（5）在工作时间内从事与本职工作无关的活动。精力不集中，不能随时掌握岗位生产状态，简化工作程序，遗漏安全巡检。

（6）专职监护人擅自脱岗，没有进行不间断监护。使作业人得不到全过程监护，作业人违章时无人制止，发生意外时无人救助。

（7）在高处作业区内打闹、使用手机、不认真工作和监护等。引发高空坠落、落物伤人，静电引发火灾爆炸，造成操作人意外事故。

（8）监护人、值班负责人不仔细审核操作人拟订的操作票便签名并同意操作。因操作人疏忽造成操作票填写错误，导致流程误操作。

（9）代替他人在操作票、各类报表上签名。因签字人对操作程序不了解，对工艺参数、运行状态不清楚，造成错误操作，报表数据错误。

（10）操作中图便利，委托他人代为操作。因操作者对工艺流程、设备性能、操作规程不熟悉，造成误操作，引发事故。

（11）岗位交接班敷衍，不进行逐项交接，使接班人对上一班存在的问题、未完成的工作不清楚，造成事故。

（12）使用工作计算机浏览网页、打游戏造成病毒攻击，破坏工作网站。

（13）不按规定时间、路线巡回检查，使存在的问题不能及时发现，部分数据录取不到位。

（14）填写当班记录敷衍了事，不按时录取数据，编造假资料，数据时效性差，造成假资料。

（15）不按规定进行原油、水质化验，凭经验填写凭证、化验单造成计量交接损失，损坏设备。

（16）不注意节水节电，有“长明灯”、“长流水”现象造成水电浪费。

（17）员工在油气区、值班室、站内倒班点吸烟引发火灾、

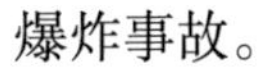

爆炸事故。

（18）用工业电视监控系统代替重点场所巡回检查，使存在的问题得不到及时发现。

（19）在生产区晾晒衣物影响企业形象。

（20）不按时上下班、迟到早退、不请假外出、到假不归影响单位正常工作的开展。

（21）不按规定穿戴劳保防护用品，造成个人伤害。

（22）带闲杂人员进入生产区域，乱动设备引发事故，误入危险区域造成个人伤害。

（23）无故不参加生产会议及各类技术学习培训，对单位生产、安全形势不了解，个人技术、安全素质得不到提高。

（24）随意损坏生产设施及劳动工具，引发事故并降低工作效率。

（25）无故不服从管理，顶撞领导，随心所欲使所从事的具体工作落实不到位，或引发误操作。

（26）使用工作电话闲聊，使电话长时间占线，无端占用有效资源，影响生产信息有效沟通。

（27）站控室、值班室、配电室等场所吃零食，用餐引发鼠患，致使电缆、信号线短路、断路。

（28）临时有事，请无关人员替岗，不能及时发现隐患，造成误操作。

（29）他人进行危险操作时，开玩笑、吓人造成误操作引发事故及人身伤害。

第二节　作业现场工作忙　事故大家一起防

一、事故预防的原则

（一）可能预防的原则

人灾的特点和天灾不同，要想防止发生人灾，应立足于防患于未然。原则上讲人灾都是能够预防的。因而，对人灾不能只考虑发生后的对策，必须进一步考虑发生之前的对策。安全原理学中把预防灾害于未然作为重点，正是基于灾害是可能预防的这一基点上。但是，实际上要预防全部人灾是很困难的，不仅必须对物的方面的原因，而且还必须对人的方面的原因进行探讨。归根结底，必须坚持人灾可能预防的原则，必须把防患于未然作为安全管理工作的目标。

在事故原因的调查报告中，常常见到记载事故原因是不可抗拒的。所谓不可抗拒，是认为在当时、当地的具体情况下，对于受害者本人来说不能避免的。如果站在防止这个事故再次发生的立场考虑，应该不是不可抗拒的。通过实施有效的对策，可以防患于未然。

过去的事故对策中多倾向于采取事后对策。例如针对火灾、爆炸的对策有：建筑物的防火结构，限制危险物贮存数量、安全距离、防爆墙、防液堤等，以便减少事故发生时的损害；设置火灾报警器、灭火器、灭火设备等以便早期发现、扑灭火灾；设立避难设施、急救设施等以便在灾害已经扩大之后进行紧急处置。即使这些事后对策完全实施，也不一定能够使火灾和爆炸防患于未然。为了防止火灾和爆炸，必须妥善管理发生源和危险物质，

而且通过一系列管理方式是可能预防火灾、爆炸的发生的。当然为防备万一，采取充分的事后对策也是必要的。

总之，作为人为灾害的对策应该是防患于未然的对策，比事故后处置更为重要。安全管理的重点应放在事故前的对策上，这也体现了“安全第一、预防为主”的方针。

（二）偶然损失的原则

分析灾害这个词的概念，包含着意外事故及由此而产生的损失这两层意思。

一般把造成人的伤亡、伤害的事故称之为人身事故，造成物的损失的事故称之为物的事故。

人身事故可分以下几类：

（1）由于人的动作所引起的事故。如绊倒、高空坠落、人和物相撞、人体扭转、生产中的错误操作等。

（2）由于物的运动引起的事故。如人受飞来物体打击、重物挤压、旋转物夹持、车辆压撞等。

（3）由于接触或吸收引起的事故。如接触带电导线而触电、接触高温或低温物体、受到放射线辐射、吸入或接触有毒、有害物质等。

这些人身事故的结果，在人体的局部或全身引起骨折、脱臼、创伤、电击伤害、烧伤、冻伤、化学伤害、中毒、窒息、放射性伤害等疾病或伤害，有时造成死亡。

对于人的事故，有海因里希法则。如跌倒这样的事故，如反复发生，将会遵守这样的比例：无伤害300次，轻伤29次，重伤1次。这就是众所周知的“1：29：300”法则。这个比例是学者海因里希从很多伤害事故统计数字中总结出来的。

实际上比例随事故种类不同而不同，例如坠落、触电等事故的重伤比例非常高。因此，这个法则并不只是数学比率的意义，而是意味着事故与伤害程度之间存在着偶然性的概率原则。因而，事故和损失之间有下列关系：“一个事故的后果产生的损失大小或损失种类由偶然性决定”。反复发生的各种事故常常并不一定产生相同的损失。

也有在事故发生时完全不伴有损失的情况，这种事故被称为险肇事件（near accident）。

但是，即便是像这种避免了损失的危险事件，如再发生，会产生多大损失，只能由偶然性决定，而不能预测。因此，为了防止发生大的损失，唯一的办法是防止事故的再次发生。因而可以说，事后不管有无损失，作为防止灾害的根本的、重要的工作是防患于未然，因为如果完全防止了事故，其结果就避免了损失。

灾害是由事故及其损失两部分构成，同样的事故，其损失是偶然的。

（三）继发原因的原则

如前所述，防止灾害的重点是必须防止发生事故。事故之所以发生，是有它的必然原因的。也就是说，事故的发生与其原因有着必然的因果关系。事故与原因是必然的关系，事故与损失是偶然的关系。

一般而言，事故原因可分为直接原因和间接原因两种。

直接原因又称为一次原因，是在时间上最接近事故发生的原因，通常又可进一步分为两类：物的原因和人的原因。物的原因是指由于设备、环境不良所引起；人的原因是指由人的不安全行为引起的。

事故的间接原因有五类：技术的原因、教育的原因、身体的原因、精神的原因和管理的原因。一般说来，调查事故发生的原因，不外乎上述五个间接原因中的某一个，或者某两个以上的原因同时存在。

如果引发事故的原因没有从根本上消除，那么，类似的事故就会重复、多次发生。

（四）选择对策的原则

技术对策、教育对策和管理对策被公认为是防止事故的三根支柱。通过运用这三根支柱，能够取得防止事故的效果。如果仅片面强调其中任何一根支柱，例如强调法规，是不能得到满意的效果的。它一定要伴随技术和教育的进步才能发挥作用，而且改进顺序应该是技术、教育、法规。只有在安全与预防事故的技术措施充实之后，才能提高安全教育效果；而安全技术与安全教育充实后，才能实行合理的法律、法规。否则，任何安全法规只能停留在纸上。

1. 技术对策

技术对策和安全工程学的对策是不可分割的。当设计机械装置或工程以及建设工厂时，要认真地研究、讨论潜在危险的存在，预测发生危险的可能性，从技术上解决防止这些危险的对策。为了实施这样根本的技术对策，应该知道所有有关的化学物质、材料、机械装置和设施，了解其危险性质、构造及其控制的具体方法。为此，不仅有必要归纳整理各种已知的资料，而且要测定性质未知的有关物质的各种危险性质。为了得到机械装置的安全设计所需要的其他资料，还要反复进行各种实验研究，以收集有关防止事故的资料。而且，这样已经实施了安全设计的机械装置或设施，还要应用检查和保养技术，确实保障安全计划的实现。

2. 教育对策

安全教育包括安全意识教育、安全知识教育及安全操作技能教育等。

作为教育的对策，不仅在产业部门，而且在教育机关组织的各种学校，同样有必要实施安全教育和训练。安全教育应当尽可能从幼年时期就开始，从小就灌输对安全的良好意识和习惯，还应该在中学及高等学校中，通过化学试验、运动竞赛、远足旅行、骑自行车、驾驶汽车等实行具体的安全教育和训练。作为专门教育机构的高等工程技术学校，对将来担任技术工作的学生，更应该按照具体的业务内容，进行安全技术及管理方法的教育。而安全操作技能的教育一般由专业技术培训机构完成。

安全教育应不断重复、多次强化，并注重教育的科学性、系统性和有效性。

3. 管理对策

管理对策是依据国家法律规定的各种标准，学术团体、行业的安全指令和规范、操作规程，以及企业、工厂内部的生产、工作标准等，对生产及运营进行安全管理。一般把强制执行的叫指令性标准，劝告性的、非强制的标准叫做推荐标准。法规必须具有强制性、原则性和适用性：如果规定过于详细，就很难把所有可能的情况都包含在里面，势必妨碍法规的执行。当然除指令式法规外，还可以通过制定行业、地方标准将国家标准具体化。

管理对策一般包括安全审查、可行性研究、初步设计、竣工验收、安全检查、安全评价、辨识危害、评价风险、提出风险控制、安全目标管理等。

选择防止事故的对策时，如果没有选择最恰当的对策，效果就不会好；而最适当的对策是在原因分析的基础上得出来的。

二、事故预防模式

（一）事故预防的原则

事故预防是应当明确事故可以预防、能把事故消除在发生之前的基本原则：

（1）“事故可以预防”原则；

（2）“防患于未然”原则；

（3）“对于事故的可能原因必须予以根除”原则；

（4）“全面治理”原则。

（二）事故预防模式

事故预防模式分为事后型模式和预期型模式两种。

（1）事后型模式。这是一种被动的对策，即在事故或灾难发生后进行整改，以避免同类事故再发生的一种对策。这种对策模式遵循如下技术步骤：事故或灾难发生—调查原因—分析主要原因—提出整改对策—实施对策—进行评价—新的对策。

（2）预期型模式。这是一种主动、积极地预防事故或灾难发生的对策。显然是现代安全管理和减灾对策的重要方法和模式。其基本的技术步骤是：提出安全或减灾目标—分析存在的问题—找出主要问题—制定实施方案—落实方案—评价—新的目标。

三、事故的一般规律分析

事故的发生是完全具有客观规律性的。通过人们长期的研究和分析，安全专业人员已总结出了很多事故理论，如事故致因理论事故、事故模型、事故统计学规律等。事故的最基本特性就是因果性、随机性、潜伏性和可预防性。

（1）因果性。事故的因果性是指事故是由相互联系的多种因素共同作用的结果，引起事故的原因是多方面的，在伤亡事故调查分析过程中，应弄清楚事故发生的因果关系，找到事故发生的主要原因，才能对症下药。

（2）随机性。事故的随机性是指事故发生的时间、地点、事故后果的严重性是偶然的。这说明事故的预防具有一定的难度。但是，事故这种随机性在一定范畴内也遵循统计规律。从事故的统计资料中可以找到事故发生的规律性。因而，事故统计分析对制定正确的预防措施有重大的意义。

（3）潜伏性。表面上事故是一种突发事件。但是事故发生之前有一段潜伏期。在事故发生前，人、机、环境系统所处的这种状态是不稳定的，也就是说系统存在着事故隐患，具有危险性。

如果这时有一触发因素出现，就会导致事故的发生。在工业生产活动中，企业较长时间内未发生事故，如麻痹大意，就是忽视了事故的潜伏性，这是工业生产中的思想隐患，是应予克服的。

（4）可预防性。现代工业生产系统是人造系统，这种客观实际给预防事故提供了基本的前提。所以说，任何事故从理论和客观上讲，都是可预防的。认识这一特性，对坚定信念、防止事故发生有促进作用。因此，人类应该通过各种合理的对策和努力，从根本上消除事故发生的隐患，把工业事故的发生降低到最小限度。

四、事故的一般预防措施

从宏观的角度，对于意外事故的预防原理称为“3E 对策”，即事故的预防具有三大预防技术和方法。

（1）工程技术对策：即采用安全可靠性高的生产工艺，采用安全技术、安全设施、安全检测等安全工程技术方法，提高生产过程的本质安全化；

（2）安全教育对策：即采用各种有效的安全教育措施，提高员工的安全素质；

（3）安全管理对策：即采用各种管理对策，协调人、机、环境的关系，提高生产系统的整体安全性。

五、处理事故的“四不放过”原则

“四不放过”原则的支持依据是《国务院关于特大安全事故行政责任追究的规定》（国务院令第 302 号）。安全生产事故都会给国家和人民生命财产造成损失，影响社会稳定和企业效益，所有事故的原因虽然各有不同，但都能总结出许多教训，值得去深刻对待吸取。它山之石，可以攻玉，只有认真学习典型的安全事故案例，把别人的事故当成自己的事故对待，真正吸取事故教训，才能杜绝类似事故的发生。

（一）主要内容

（1）事故原因未查清不放过；

（2）事故责任人未受到处理不放过；

（3）事故责任人和广大群众没有受到教育不放过；

（4）事故没有制定切实可行的整改措施不放过。

（二）具体含义

（1）“四不放过”原则的第一层含义是要求在调查处理伤亡事故时，首先要把事故原因分析清楚，找出导致事故发生的真正原因，不能敷衍了事，不能在尚未找到事故主要原因时就轻易下结论，也不能把次要原因当成真正原因，未找到真正原因绝不轻易放过，直至找到事故发生的真正原因，并搞清各因素之间的因果关系才算达到事故原因分析的目的。

（2）“四不放过”原则的第二层含义是要求在调查处理工伤事故时，不能认为原因分析清楚了，有关人员也处理了就算完成任务了，还必须使事故责任者和广大群众了解事故发生的原因及所造成的危害，并深刻认识到搞好安全生产的重要性，使大家从事故中吸取教训，在今后工作中更加重视安全工作。

（3）“四不放过”原则的第三层含义是要求必须针对事故发生的原因，在对安全生产工伤事故必须进行严肃认真的调查处理的同时，还必须提出防止相同或类似事故发生的切实可行的预防措施，并督促事故发生单位加以实施。只有这样，才算达到事故调查和处理的最终目的。

（4）“四不放过”原则的第四层含义也是安全事故责任追究制的具体体现，对事故责任者要严格按照安全事故责任追究规定和有关法律、法规的规定进行严肃处理。

（三）安全事故“四不放过”处理原则的作用

1. 吸取事故教训，细化吸取事故教训的具体措施

发生事故，暴露了人员、设备、技术、环境、管理上的诸多问题，通过按照“四不放过”原则吸取他人事故教训的方式，以心得体会、建议措施上报，不说套话、废话，就让全体员工实实在在分析发现问题，做实了吸取事故教训的方法，取得了良好的实效。

2. 起到警示作用，提高全员安全意识

各企业都制定有对安全生产事故责任者的处理规定，但往往职工都不会去关心这些规定，因为都觉得自己不会是事故责任人。而在落实“四不放过”原则过程中，增设一个假如：假如身边发生这样的事故，我是事故责任人，对照事故处理法律法规和公司安全管理规定，应该受到什么样的处理；假如我是事故的受害人，我的家庭、亲人会遭受什么样的打击。通过假设和对照，使全体员受到震动和冲击。虽然是假设，但也使全体员工感到了一旦发生事故带来的压力，受到了很强的安全教育，对自己的安全责任重新认识和提高，增强了责任感和安全意识，比空洞的说教更有说服力。

（四）“四不放过”原则安全管理创新应用

生产安全事故是由于人的不安全行为或机械设备的不安全因

素等原因造成的。为了防范类似事故重复发生，在处理事故中要坚持“四不放过”原则。对于事故处理，我国早在1975年就提出了“三不放过”原则。

“四不放过”原则的第一原则是首先要针对事故，认真分析，找出导致事故发生的真正原因。第二个原则是新增加的内容，突出了要对有关责任者进行严肃处理，这是落实国家对事故责任者追究的具体体现。第三个原则是不能认为分析清楚了原因，处理了有关人员就算完成事故处理了，还必须通过分析事故发生的原因和危害，使广大职工从中受到教育、吸取教训，进而提高认识，努力在实际工作中防止事故的发生。第四个原则是要针对事故发生的原因，不但要制定出防止类似事故重复发生的预防措施，还要针对事故发生所暴露出的不安全因素进行彻底整改。只有这样，才能通过处理已发生的事故，收到预防事故重复发生的良好效果。

对于这“四不放过”，前三者是“事务性”的，而第四个则是“实质性”的；前三者是基础，第四者是关键；因为只有查清了事故原因、处理了责任者、落实了整改措施，才能真正吸取教训。然而，当前往往是前三者做得比较好，而忽视了对教训的吸取。

“四不放过”，不能只停留在口头上，而是应该有具体的实实在在的行动，不仅要做到查清原因、处理责任人、落实整改措施，更重要的是要深刻吸取教训，做好安全生产的监管和预防工作。安全生产事故一旦发生，就会伴随着无辜生命的死亡，这样的教训有一次就够了，不要总是吸取，甚至是总不吸取。

1. 方法要求

（1）事故原因没有查清不放过。各单位学习事故通报时，没

有针对相关人员的行为及设备、环境的安全状况进行分析，对照本单位安全管理、技术管理、制度落实方面是否存在问题，分析不清不放过。

（2）事故责任者没有严肃处理不放过。假如发生这样的事故，对照事故调查处理的法律法规和公司安全生产奖惩制度，哪些岗位、哪些人员应该受到什么样的处理的大讨论不放过。

（3）职工没有受到教育不放过。没有本着举一反三的原则，该吸取教训受到教育的人没有吸取教训、受到教育不放过。

（4）防范措施没有落实不放过。针对本单位实际情况，结合事故单位的防范措施，没有制定本单位的防范措施，并将措施责任到人，落实到位不放过。

2. 具体做法

（1）学习人身事故通报，各生产单位、班组都要按照“四不放过”的要求召开事故分析会。

（2）通过学习通报，对本单位相关对应人员行为、设备、环境、工艺的安全状况进行分析，对照安全管理、设备管理、技术管理、制度落实等方面进行自查，能解决的自行整改，需要上级部门协调解决的报相关管理部门备案，由相关管理部门协调责任部门整改。

（3）各职能部门按照“谁检查、谁签字、谁负责”的原则，对整改或防范措施落实情况进行抽查，发现落实不力者，按照公司安全管理制度追究单位安全第一责任人的责任。

（4）各班组及时总结教训及存在的问题，整治安全管理中的薄弱环节和突出问题，不断提高安全管理水平。

作为安全责任主体和安全管理者，应当坚信事故是可以预防的。在这种思想基础上，分析事故发生的原因和过程，研究防止事故发生的理论及方法，对预防事故十分重要，但决不能在自己发生事故后才引起重视，而对别人出的事故不引以为戒。任何安全生产事故教训都是宝贵的财富，收集汇编成册，组织开展启发式教育，按照“四不放过”原则实施闭环管理，对吸取事故教训的手段进行创新和探索，充分发挥预防事故的技术对策、教育对策及法制管理对策作用，事故预防就一定能取得良好的效果。

安全生产，责任重于泰山，责任在人的肩头，在人的心头，只要人人绷紧安全生产这根弦，时时想着安全，处处抓着安全，按照国家安全生产法律、法规、规章、规范、标准的要求，规范各项管理工作，把各级人员、各个部门的安全责任、安全管理制度执行到位，把措施落到实处，有问题立即整改，有隐患及时消除，才能防止安全事故的发生，才能保证企业的安全生产，为构建和谐社会提供安全保障。

第三节 事故发生不要慌 应急救援紧跟上

在生产安全事故发生前和发生时采取哪些预防和处理措施，是否需要建立生产安全事故应急救援体系的问题上，《安全生产法》确立了事故应急救援制度。这就突破了主要依靠事后处理的传统模式，将事故预防工作提升到更加积极、更加超前的层面，必定促进安全生产监管方式的改革和事故应急救援工作的完善。

为加强事故应急救援、减少事故损失，多年来国家在消防、核事故、海上搜救、矿山和化工、森林、地震、洪水等方面相继建立了应急救援体系和应急救援队伍，发挥了很大作用。虽然各级安全生产监督管理部门采取过很多防范措施，但始终没有依法建立一种适合我国国情的事故应急救援体系。随着我国经济总量的不断增长，各类生产安全事故频繁发生，应急救援不力成为生产安全事故后果严重的重要原因之一。这方面存在诸多突出问题。一是对建立事故应急救援体系的重要性和紧迫性缺乏足够的认识，忽视应急救援在预防事故、及时处理事故以及避免、减少人员伤亡和财产损失等方面的积极作用，存在着侥幸麻痹，重事前、轻事后，重处理、轻应急的倾向。二是缺乏事故应急救援的总体思路和具体措施，没有建立统一、高效的国家应急救援体系。发生重大、特大生产安全事故，特别是跨行业、跨部门、跨地区的事故时，由于不能统一调动社会应急救援资源，往往是措手不及，临时抱“佛脚”，结果是扩大了人员伤亡和财产损失。三是没有科学地整合各种事故应急救援资源，救援力量分散，应急救援指挥职能交叉，缺乏必要的应急救援装备，救援能力不能满足需要。四是法律没有对矿山开采、建筑施工和危险物品生产等高危生产经营单位内部建立应急救援制度作出规定，发生重大、特大生产安全事故时因不能及时有效地施救，导致死伤众多，损失惨重。如2003年12月23日发生的四川石油管理局川东石油钻探公司罗家16H井天然气井喷事故，死亡243人，其中绝大部分死亡人员是井区1平方公里范围内的村民。据调查，该公司虽有应急救援预案，但很不完善，只规定了钻井队内部人员的应急救援事项，没有井区外部村民在发生事故时如何防护、自救和疏散等事项和措施。当井喷事故发生后，由于没有及时告知附近村民采取必要的应急措施，致使高硫天然气扩散并引起村民中毒死亡和大批家禽、牲畜死亡，扩大了事故后果。为将生产安全事故的事前预防与事后处理有机结合，建立事故应急救援体系，发挥应急救援在事前预防和事中抢险的重要作用，《安全生产法》对此作出了明确的规定。

事故应急救援体系是一个庞大的系统，其基本框架应当包括政府的事故应急救援和高危生产经营单位的事故应急救援两大系统。政府的事故应急救援是公益性的体系，高危生产经营单位的事故应急救援是自救性的体系，两者缺一不可。

《安全生产法》第六十八条规定："县级以上地方各级人民政府应当组织有关部门制定本行政区域内特大生产安全事故应急救援预案，建立应急救援体系。"建立各级事故应急救援体系是各级人民政府的法定职责。要建立事故应急救援体系，需要解决以下问题：

（1）确定应急救援工作的任务。事故应急救援工作的主要任务是通过建立应急救援体系，预防和减少生产安全事故，在生产安全事故发生时能够及时抢救伤害人员，防止事故扩大，减少人员伤亡和财产损失。

（2）制定应急救援预案。事故应急救援涉及诸多部门、行业和企业，事故应急救援预案应当自下而上地分级制定。依照法律规定，事故应急救援预案应当在各级人民政府的统一组织领导下，由安全生产监督管理部门会同公安、铁道、交通、民航、建筑、质检和卫生等有关部门共同制定和实施，其基本内容应当包括：

①应急救援的指挥机构及其职责；

②有关部门的职责及其分工；

③应急救援组织的建设；

④应急救援组织的训练和演习；

⑤事故预警和应急响应；

⑥事故的现场控制、交通管制、人员疏散、医疗急救、工程抢险等应急措施；

⑦应急救援设施、设备、器械、交通工具及其他物资的储备调用；

⑧应急救援的通讯保障；

⑨应急救援的经费保障；

⑩应急救援信息的发布。

（3）应急救援的实施。要保证事故应急救援预案的有效实施，需要抓好三项工作：一是建立健全事故应急救援责任制。各级人民政府的领导人、有关部门和单位的负责人在事故应急救援工作中的职责分工必须明确。发生生产安全事故时，应当各司其职，各就各位，协同指挥。二是建立必要的事故应急救援组织等支撑体系。县级以上人民政府可以根据实际需要和条件，建立专门的事故应急救援机构或者综合的突发事件应急救援机构，在经费、装备和人员等方面予以保证，建立一支训练有素的应急救援队伍，做到“召之即来，来之能战，战之能胜”。三是加强检查和演练。要保证应急救援预案的落实，必须进行经常性的检查，定期组织演练，保证应急救援组织、人员、装备的常备不懈。

《安全生产法》施行以后，各级人民政府普遍制定了本行政区域生产安全事故应急救援预案，初步形成了应急救援体系。但是这项工作处于起步阶段，尚不完善，各地做法不同。目前缺乏科学、统一、高效的国家生产安全事故应急救援预案，尚未建立不同层级的生产安全事故救援组织机构和支撑体系，社会各方面的应急救援力量有待科学地整合。国家安全生产监督管理部门正在研究、拟定有关办法和规划，推动应急救援工作的展开，最终建立健全国家安全生产事故应急救援体系。

政府事故应急救援体系的基础是生产经营单位内部的应急救援体系的完善。《安全生产法》原则上要求各类生产经营单位建立生产安全事故应急救援制度，制定应急救援预案，配置应急救援组织或者应急救援人员。但是立法时考虑到这项工作涉及面很大，暂时不宜作出全面规定，决定突出重点，先对危险性较大的高危生产经营单位的应急救援问题作出强制性的规定，适当时候再扩大范围。

为此，《安全生产法》第六十九条规定：“危险物品的生产、经营、储存单位以及矿山、建筑施工单位应当建立应急救援组织；生产经营单位规模较小，可以不建立应急救援组织的，应当指定兼职的应急救援人员。危险物品的生产、经营、储存单位以及矿山、建筑施工单位应当配备必要的应急救援器材、设备，并进行经常性维护、保养，保证正常运转。”法律对高危生产经营单位事故应急救援作出的强制性规定，主要是为了解决这些特殊主体的应急救援问题，降低发生事故的风险和代价。所谓高危生

产经营单位，并非说这些行业的所有生产经营单位都具有较大的危险性，而是从总体上相对而言的。如建筑施工单位大部分从事高空施工作业，危险性较大，但也有平地施工危险性不大。但比较其他行业而言，建筑行业的危险性较大、事故较多，所以将其纳入高危生产经营单位进行严格要求是必要的。要使高危生产经营单位事故应急救援工作制度化，应当注意以下四个问题：

（1）建立应急救援制度是法定义务。《安全生产法》关于高危生产经营单位应当建立应急救援组织或者指定兼职应急救援人员的规定，是一项必须遵守的义务性法律规范，如有违反有关法律规定或者造成生产安全事故的，将承担相应的法律责任。《安全生产法》第十七条将“组织制定并实施本单位的生产安全事故应急预案”明确设定为生产经营单位主要负责人的一项安全生产职责。如果生产经营单位主要负责人没有履行法定职责，导致发生生产安全事故，构成犯罪的，依照刑法有关规定追究刑事责任；尚不够刑事处罚的，给予撤职处分或者处二万元以上二十万元以下的罚款。如果生产经营单位违反了法律规定，发生生产安全事故造成人员伤亡、他人财产损失的，依照《安全生产法》第九十五条的规定，应当依法承担赔偿责任。

（2）制定事故应急救援预案。高危生产经营单位应当根据本单位安全生产的情况，制定切实可行的事故应急救援预案。应急救援预案应当体现企业的特点，需要明确本单位应急救援指挥机构及其负责人，有关单位的职责分工，重大危险源、危险物品和安全设备的监控预警措施，应急救援装备的配备和维护，事故现场的应急救援保障措施等内容。发生事故可能危及企业周边地区单位、居民的生命和财产安全的生产经营单位的应急救援预案中还应包括及时告知有关单位、居民以及采取防护自救、疏散撤离、医疗救治等必要措施。

（3）建立应急救援组织或者配备专职人员。法律关于建立应急救援组织的强制性规定主要是针对大中型高危生产经营单位的，但对应急救援组织的形式、人员数量没有作硬性的规定，生产经营单位可以灵活掌握，只要能够保证有效实施应急救援即可。对于那些生产经营规模很小、从业人员很少的，法律不要求专建应急救援组织，但必须有人负责应急救援工作。应急救援组织应当定期组织演练，应急救援人员应当经过专门培训，持证上岗。小型生产经营单位不设应急救援组织的，也可以与邻近生产经营单位设立的应急救援组织或者其他专业应急救援组织签订应急救援协议，或者聘请专业人员进行技术指导，实行自愿协商，有偿服务。

（4）配备应急救援装备。应急救援装备是实施事故救援的物质基础和必备手段。鉴于各行业和各生产经营单位的情况和条件不同，法律没有对此作出统一的具体规定，只要求高危生产经营单位配备必要的器材、设备并保证其正常运转。至于需要配备哪些应急救援装备，应由生产经营单位视情决定。有一点应当指出，目前有些高危生产经营单位没有依法配备必要的事故应急救援装备，或者“缺东少西”，或者没有及时维护、保养以致不能正常运转，如果发生生产安全事故时不能有效实施应急救援造成他人人身伤亡和财产损失的，则应负法律责任。

一、关于特大安全事故行政责任追究的规定

第一条　为了有效地防范特大安全事故的发生，严肃追究特

大安全事故的行政责任，保障人民群众生命、财产安全，制定本规定。

第二条 地方人民政府主要领导人和政府有关部门正职负责人对下列特大安全事故的防范、发生，依照法律、行政法规和本规定的规定有失职、渎职情形或者负有领导责任的，依照本规定给予行政处分；构成玩忽职守罪或者其他罪的，依法追究刑事责任：

（1）特大火灾事故；

（2）特大交通安全事故；

（3）特大建筑质量安全事故；

（4）民用爆炸物品和化学危险品特大安全事故；

（5）煤矿和其他矿山特大安全事故；

（6）锅炉、压力容器、压力管道和特种设备特大安全事故：

（7）其他特大安全事故。

地方人民政府和政府有关部门对特大安全事故的防范、发生直接负责的主管人员和其他直接责任人员，比照本规定给予行政处分；构成玩忽职守罪或者其他罪的，依法追究刑事责任。

特大安全事故肇事单位和个人的刑事处罚、行政处罚和民事责任，依照有关法律、法规和规章的规定执行。

第三条 特大安全事故的具体标准，按照国家有关规定执行。

第四条 地方各级人民政府及政府有关部门应当依照有关法律、法规和规章的规定，采取止回阀行政措施，对本地区实施安全监督管理，保障本地区人民群众生命、财产安全，对本地区或者职责范围内防范特大安全事故的发生、特大安全事故发生后的迅速和妥善处理负责。

第五条 地方各级人民政府应当每个季度至少召开一次防范特大安全事故工作会议，由政府主要领导人或者政府主要领导人委托政府分管领导人召集有关部门正职负责人参加，分析、布置、督促、检查本地区防范特大安全事故的工作。会议应当作出决定并形成纪要，会议确定的各项防范措施必须严格实施。

第六条　市（地、州）、县（市、区）人民政府应当组织有关部门按照职责分工对本地区容易发生特大安全事故的单位、安全阀设施和场所安全事故的防范明确责任、采取措施，并组织有关部门对上述单位、设施和场所进行严格检查。

第七条　市（地、州）、县（市、区）人民政府必须制定本地区特大安全事故应急处理预案。本地区特大安全事故应急处理预案经政府主要领导人签署后，报上一级人民政府备案。

第八条　市（地、州）、县（市、区）人民政府应当组织有关部门对本规定第二条所列各类特大安全事故的隐患进行查处；发现特大安全事故隐患的，责令立即排除；特大安全事故隐患排除前或者排除过程中，无法保证安全的，责令暂时停产、停业或者停止使用。法律、行政法规对查处机关另有规定的，依照其规定。

第九条　市（地、州）、县（市、区）人民政府及其有关部门对本地区存在的特大安全事故隐患，超出其管辖或者职责范围的，应当立即向有管辖权或者负有职责的上级人民政府或者政府有关部门报告；情况紧急的，可以立即采取包括责令暂时停产、停业在内的紧急措施，同时报告；有关上级人民政府或者政府有关部门接到报告后，应当立即组织查处。

第十条　中小学校对学生进行劳动技能教育以及组织学生参加公益劳动等社会实践活动，必须确保学生安全。严禁以任何形式、名义组织学生从事接触易燃、易爆、有毒、有害等危险品的劳动或者其他危险性劳动。严禁将学校场地出租作为从事易燃、易爆、有毒、有害等危险品的生产、经营场所。

中小学校违反前款规定的，按照学校隶属关系，对县（市、区）、乡（镇）人民政府主要领导人和县（市、区）人民政府教育行政部门正职负责人，根据情节轻重，给予记过、降级直至撤职的行政处分；构成玩忽职守罪或者其他罪的，依法追究刑事责任。

中小学校违反本条第一款规定的，对校长给予撤职的行政处分，对直接组织者给予开除公职的行政处分；构成非法制造爆炸物罪或者其他罪的，依法追究刑事责任。

第十一条　依法对涉及安全生产事项负责行政审批（包括批准、核准、许可、注册、认证、颁发证照、竣工验收等，下同）的政府部门或者机构，必须严格依照法律、法规和规章规定的安全条件和程序进行审查；不符合法律、法规和规章规定的安全条件的，不得批准；不符合法律、法规和规章规定的安全条件，弄虚作假，骗取批准或者勾结串通行政审批工作人员取得批准的，负责行政审批的政府部门或者机构除必须立即撤销原批准外，应当对弄虚作假骗取批准或者勾结串通行政审批工作人员的当事人依法给予行政处罚；构成行贿罪或者其他罪的，依法追究刑事责任。

负责行政审批的政府部门或者机构违反前款规定，对不符合法律、法规和规章规定的安全条件予以批准的，对部门或者机构的正职负责人，根据情节轻重，给予降级、撤职直至开除公职的行政处分；与当事人勾结串通的，应当开除公职；构成受贿罪、玩忽职守罪或者其他罪的，依法追究刑事责任。

第十二条　对依照本规定第十一条第一款的规定取得批准的单位和个人，负责行政审批的政府部门或者机构必须对其实施严格监督检查；发现其不再具备安全条件的，必须立即撤销原批准。

负责行政审批的政府部门或者机构违反前款规定；不对取得批准的单位和个人实施严格监督检查，或者发现其不再具备安全条件而不立即撤销原批准的，对部门或者机构的正职负责人，根据情节轻重，给予降级或者撤职的行政处分；构成受贿罪、玩忽职守罪或者其他罪的，依法追究刑事责任。

第十三条 对未依法取得减压阀批准，擅自从事有关活动的，负责行政审批的政府部门或者机构发现或者接到举报后，应当立即予以查封、取缔，并依法给予行政处罚；属于经营单位的，由工商行政管理部门依法相应吊销营业执照。

负责行政审批的政府部门或者机构违反前款规定，对发现或者举报的未依法取得批准而擅自从事有关活动的，不予查封、取缔、不依法给予行政处罚，工商行政管理部门不予吊销营业执照的，对部门或者机构的正职负责人，根据情节轻重，给予降级或者撤职的行政处分；构成受贿罪、玩忽职守罪或者其他罪的，依法追究刑事责任。

第十四条 市（地、州）、县（市、区）人民政府依照本规定应当履行职责而未履行，或者未按照规定的职责和程序履行，本地区发生特大安全事故的，对政府主要领导人，根据情节轻重，给予降级或者撤职的行政处分；构成玩忽职守罪的，依法追究刑事责任。

负责行政审批的政府部门或者机构、负责安全监督管理的政府有关部门，未依照本规定履行职责，发生特大安全事故的，对部门或者机构的正职负责人，根据情节轻重，给予撤职或者开除公职的行政处分；构成玩忽职守罪或者其他罪的，依法追究刑事责任。

第十五条 发生特大安全事故，社会影响特别恶劣或者性质特别严重的，由国务院对负有领导责任的省长、自治区主席、直辖市市长和国务院有关部门正职负责人给予行政处分。

第十六条 特大安全事故发生后，有关县（市、区）、市（地、州）和省、自治区、直辖市人民政府及政府有关部门应当按照国家规定的程序和时限立即上报，不得隐瞒不报、谎报或者拖延报告，并应当配合、协助事故调查，不得以任何方式阻碍、干涉事故调查。

特大安全事故发生后，有关地方人民政府及政府有关部门违反前款规定的，对政府主要领导人和政府部门正职负责人给予降级的行政处分。

第十七条　特大安全事故发生后，有关地方人民政府应当迅速组织救助，有关部门应当服从指挥、调度，参加或者配合救助，将事故损失降到最低限度。

第十八条　特大安全事故发生后，省、自治区、直辖市人民政府应当按照国家有关规定迅速、如实发布事故消息。

第十九条　特大安全事故发生后，按照国家有关规定组织调查组对事故进行调查。事故调查工作应当自事故发生之日起60日内完成，并由调查组提出调查报告；遇有特殊情况的，经调查组提出并报国家安全生产监督管理机构批准后，可以适当延长时间。调查报告应当包括依照本规定对有关责任人员追究行政责任或者其他法律责任的意见。

省、自治区、直辖市人民政府应当自调查报告提交之日起30日内，对有关责任人员作出处理决定；必要时，国务院可以对特大安全事故的有关责任人员作出处理决定。

第二十条　地方人民政府或者政府部门阻挠、干涉对特大安全事故有关责任人员追究行政责任的，对该地方人民政府主要领导人或者政府部门正职负责人，根据情节轻重，给

予降级或者撤职的行政处分。

第二十一条　任何单位和个人均有权向有关地方人民政府或者政府部门报告特大安全事故隐患，有权向上级人民政府或者政府部门举报地方人民政府或者政府部门不履行安全监督管理职责或者不按照规定履行职责的情况。接到报告或者举报的有关人民政府或者政府部门，应当立即组织对事故隐患进行查处，或者对举报的不履行、不按照规定履行安全监督管理职责的情况进行调查处理。

第二十二条　监察机关依照行政监察法的规定，对地方各级人民政府和政府部门及其工作人员履行安全监督管理职责实施监察。

第二十三条　对特大安全事故以外的其他安全事故的防范、发生追究行政责任的办法，由省、自治区、直辖市人民政府参照本规定制定。

二、《国家突发事件总体应急预案》

国务院发布的《国家突发公共事件总体应急预案》（以下简称“总体预案”），明确提出了应对各类突发公共事件的六条工作原则：以人为本，减少危害；居安思危，预防为主；统一领导，分级负责；依法规范，加强管理；快速反应，协同应对；依靠科技，提高素质。“总体预案”是全国应急预案体系的总纲，明确了各类突发公共事件分级分类和预案框架体系，规定了国务院应对特别重大突发公共事件的组织体系、工作机制等内容，是指导预防和处置各类突发公共事件的规范性文件。

1. 编制目的

提高政府保障公共安全和处置突发公共事件的能力，最大限度地预防和减少突发公共事件及其造成的损害，保障公众的生命财产安全，维护国家安全和社会稳定，促进经济社会全面、协调、可持续发展。

2. 编制依据

依据宪法及有关法律、行政法规，制定本预案。

3. 分类分级

本预案所称突发公共事件是指突然发生，造成或者可能造成重大人员伤亡、财产损失、生态环境破坏和严重社会危害，危及公共安全的紧急事件。

根据突发公共事件的发生过程、性质和机理，突发公共事件主要分为以下四类：

（1）自然灾害。主要包括水旱灾害、气象灾害、地震灾害、地质灾害、海洋灾害、生物灾害和森林草原火灾等。

（2）事故灾难。主要包括工矿商贸等企业的各类安全事故、交通运输事故、公共设施和设备事故、环境污染和生态破坏事件等。

（3）公共卫生事件。主要包括传染病疫情、群体性不明原因疾病、食品安全和职业危害、动物疫情，以及其他严重影响公众健康和生命安全的事件。

（4）社会安全事件。主要包括恐怖袭击事件、经济安全事件和涉外突发事件等。

各类突发公共事件按照其性质、严重程度、可控性和影响范围等因素，一般分为四级：Ⅰ级（特别重大）、Ⅱ级（重大）、Ⅲ级（较大）和Ⅳ级（一般）。

4. 适用范围

本预案适用于涉及跨省级行政区划的，或超出事发地省级人民政府处置能力的特别重大突发公共事件应对工作。

本预案指导全国的突发公共事件应对工作。

5. 工作原则

（1）以人为本，减少危害。切实履行政府的社会管理和公共服务职能，把保障公众健康和生命财产安全作为首要任务，最大限度地减少突发公共事件及其造成的人员伤亡和危害。

（2）居安思危，预防为主。高度重视公共安全工作，常抓不懈，防患于未然。增强忧患意识，坚持预防与应急相结合，常态与非常态相结合，做好应对突发公共事件的各项准备工作。

（3）统一领导，分级负责。在党中央、国务院的统一领导下，建立健全分类管理、分级负责、条块结合、属地管理为主的应急管理体制，在各级党委领导下，实行行政领导责任制，充分发挥专业应急指挥机构的作用。

（4）依法规范，加强管理。依据有关法律和行政法规，加强应急管理，维护公众的合法权益，使应对突发公共事件的工作规范化、制度化、法制化。

（5）快速反应，协同应对。加强以属地管理为主的应急处置队伍建设，建立联动协调制度，充分动员和发挥乡镇、社区、企事业单位、社会团体和志愿者队伍的作用，依靠公众力量，形成统一指挥、反应灵敏、功能齐全、协调有序、运转高效的应急管理机制。

（6）依靠科技，提高素质。加强公共安全科学研究和技术开发，采用先进的监测、预测、预警、预防和应急处置技术及设施，充分发挥专家队伍和专业人员的作用，提高应对突发公共事件的科技水平和指挥能力，避免发生次生、衍生事件；加强宣传和培训教育工作，提高公众自救、互救和应对各类突发公共事件的综合素质。

6. 应急预案体系

全国突发公共事件应急预案体系包括：

（1）突发公共事件总体应急预案。总体应急预案是全国应急预案体系的总纲，是国务院应对特别重大突发公共事件的规范性文件。

（2）突发公共事件专项应急预案。专项应急预案主要是国务院及其有关部门为应对某一类型或某几种类型突发公共事件而制定的应急预案。

（3）突发公共事件部门应急预案。部门应急预案是国务院有关部门根据总体应急预案、专项应急预案和部门职责为应对突发公共事件制定的预案。

（4）突发公共事件地方应急预案。具体包括：省级人民政府的突发公共事件总体应急预案、专项应急预案和部门应急预案；各市（地）、县（市）人民政府及其基层政权组织的突发公共事件应急预案。上述预案在省级人民政府的领导下，按照分类管理、分级负责的原则，由地方人民政府及其有关部门分别制定。

（5）企事业单位根据有关法律法规制定的应急预案。

（6）举办大型会展和文化体育等重大活动，主办单位应当制定应急预案。

各类预案将根据实际情况变化不断补充、完善。

三、员工必须掌握的事故应急救援架构

（一）编制目的

根据施工现场的特点及施工情况，在施工过程中，可能发生的安全事故有：火灾、爆炸、触电、高处坠落、物体打击、中毒、特殊气候影响等，在事故发生后，必须及时有采取抢救行动和补充措施，使其得到最大限度地减少伤害和损失。这些是每个员工必须掌握的知识。

（二）事故预防措施

伤亡事故预防，就是要消除人和物的不安全因素，实现作业行为和作业条件安全化。

1. 消除人的不安全行为，实现作业行为安全化

（1）开展安全思想教育和安全规章制度教育。

（2）进行安全知识岗位培训，提高职工的安全技术素质。

（3）推广安全标准化管理操作和安全确认制度活动，严格按安全操作规程和程序进行各项作业。

（4）加强重点要害设备、人员作业的安全管理和监控，搞好均衡生产。

（5）注意劳逸结合，使作业人员保持充沛的精力，从

而避免产生不安全行为。

2. 消除物的不安全状态，实现作业条件安全化

（1）采取新工艺、新技术、新设备、改善劳动条件。

（2）加强安全技术的研究，采用安全防护装置，隔离危险部位。

（3）采用安全适用的个人防护用具。

（4）开展安全检查，及时发现和整改不安全隐患。

（5）定期对作业条件（环境）进行安全评价，以便采取安全措施，保证符合作业的安全要求。

3. 实现安全措施，加强安全管理

加强安全管理是实现安全措施的重要保证，建立、完善和严格执行安全生产规章制度，开展经常性的安全教育、岗位培训和安全竞赛活动，通过安全检查制定和落实防范措施等安全管理工作，是消除事故隐患、搞好事故预防的基础工作。因此，应采取有力措施，加强安全施工管理，保障安全生产。

4. 多发性伤亡事故预防措施

（1）预防高空坠落措施：防止高空坠落发生，最根本的还是从人和物两方面进行落实。物的方面就是要有满足规范规定的防护设施，从人的方面来讲，就是从事高处作业的人员必须满足一定要求，即患有高血压、心脏病、年龄不满 18 周岁和饮酒以后，均不得从事高空作业，6 级以上大风及雷暴雨天、夜间照明不足的情况下，均不得从事高空作业。高空作业人员要正确使用安全带，在高空作业时，必须把安全带的系绳挂在牢固的结构物、吊环或安全拉绳上，且应认真复查，严防发生虚挂、脱钩等现象。高处作业无处挂安全带时，应专门设置挂安全带的安全拉绳、安全栏杆等，否则不能施工作业。

（2）物体打击事故：预防物体打击事故的关键是要有防止物

体坠落后伤及人的隔离措施，如尽量避免交叉作业、搭设防护棚等。要求施工人员做到：进入施工现场的所有人员，必须戴好符合安全标准的安全帽，并系牢帽带；高处作业人员应佩带工具袋，使用的小型工具及小型材料配件等必须装入工具袋内，防止坠落伤人，高处作业作用的较大工具应入楼层的工具箱内，施工人员应走专门行走通道等。

(3) 防止触电事故：在建筑施工现场一般使用Ⅱ类电动工具，尤其在露天、潮湿及狭窄场所或在金属构架上操作时，严禁使用Ⅰ类手持电动工具。各施工人员要听从专业电工安排，出现问题请电工处理，用完后交电工保管。作用前应进行检查，外壳、手柄、负荷线、插头、漏电开关等必须完好无损，作空载试验运转，观察碳刷火花，听机械传动声响是否正常，如无异常现象，方可使用。手持电动工具应采用移动式开关箱，内装漏电保护器，工作前应检查电源电压是否与铭牌标记一致，使用时负荷线不受外力作用；转移工作点应切断电源，不准将负荷线接长而出现接头。手持电动工具大多为40%断续工作制，切勿长期连续使用，严禁用杠杆加压，以避免温升超高，烧毁电机。工作完毕，应及时将插头从电源上拔出。

(4) 中毒事故的预防：施工现场经常使用一些化学添加剂、油漆等有毒有害物质、有时有些作业环境也会发生有毒有害气体，施工现场对这些物质应加强管理，对有毒作业环境应及时处理，为防止误食化学添加剂。除施工现场加强对这类物品的管理外，在施工现场的食堂不准随便使用不能识别的物品做菜，炊事人员要把厨房的盐、碱加以很好的保管，防止和添加剂混用，发生中毒事故。

(三) 事故的应急救援工作程序

(1) 迅速抢救伤员并保护好事故现场；

（2）组织调查组；

（3）现场勘察；

（4）分析事故原因，确定事故性质；

（5）根据对事故分析的原因，制定防止类似事故再次发生的措施；

（6）写出调查报告；

（7）事故的审理和结案。

（四）伤亡事故的报告和现场保护

1. 伤亡事故的报告

发生伤亡事故后，负伤者或最先发现事故人，应立即报告领导。企业领导在接到重伤、死亡、重大死亡事故报告后，应按规定用快速方法，立即向工程所在地建设行政主管部门以及劳动行政主管部门、公安、工会等相关部门报告。

2. 现场保护

事故发生后，事故发生单位应当立即采取有效措施，首先抢救伤员和排除险情，制止事故蔓延扩大，稳定施工人员情绪。要做到有组织、有指挥。同时，要严格保护事故现场，因抢救伤员、疏导交通、排除险情等原因需要移动现场物件时，应当做出标志，绘制现场简图，并做出书面记录，妥善保存现场重要痕迹、物证，有条件的可以拍照或录像。

事故现场是提供有关物证的主要场所，是调查事故原因不可缺少的客观条件。因此，要求现场各种物件的位置、颜色、形状及其物理化学性质等尽可能保持原有状态。必须采取一切必要的可能的措施严加以保护，防止人为或自然因素破坏。

清理事故现场，应在调查组确认无可取证，并充分记录后，经有关部门同意后，方能进行，任何人不得借口恢复生产、擅自清理现场，掩盖真相。

（五）伤亡事故的紧急救护

发生伤亡事故以后，如果能采取正确的救护措施，防止事态的进一步恶化，抢救及时，就有可能把伤者从死亡线上拉回来。因此，当出现事故后，首先要把握两条原则，一是不要惊恐，迅速将伤者脱离危险区，如果是触电事故，必须先切断电源，然后采取救护措施；二是迅速上报上级有关领导和部门，以便采取更有效的救护措施。

对于高空坠落、物体打击、机械伤害等，只能由医务人员采取救护，而对于触电事故、中暑、中毒等，现场救护则可达到事半功倍的效果，早1分钟救护，就可增加一分生还的希望。

1. 触电事故抢救

（1）对症救护处理：如触电者伤势不重，神志清醒，未失去知觉，但有些内心惊慌，四肢发麻，全身无力，或触电者在触电过程中曾一度昏迷，但已清醒过来，则应保持空气流通和注意保暖，使触电者安静休息，不要走动，严密观察，并请医生前来诊治或者送往医院。如触电者伤势较重，已失去知觉，但心脏跳动和呼吸还存在，对于此种情况，应使触电者舒适，安静地平卧，周围不围人，保持空气流通，解开衣服以利呼吸。如天气寒冷，要注意保温，并迅速请医生诊治或送往医院。如果发现触电者呼吸困难，严重缺氧，面色发白或发生痉挛，应立即请医生进一步抢救。如触电者伤势严重，呼吸停止或心脏跳动停止，或二者都已停止，仍不可以认为已经死亡，应立即施行人工呼吸或胸外心脏按压，并迅速请医生诊治或送医院。但应当注意，急救要尽快进行，不能等到医生的到来，在送往医院的途中，也不能中止急救。

（2）人工呼吸法：施行人工呼吸前，应迅速将触电者身上妨碍呼吸的衣领、上衣、裤带等解开，使胸部能自由扩张，并迅速取出触电者口腔内妨碍呼吸的食物，脱落的假牙、血块、黏液等，以免堵塞呼吸道。做口对口呼吸时，应使触电者仰卧，并使其头部充分后仰，使鼻孔朝上，如舌要下陷，应把它拉出来，以利呼吸道畅通。

（3）胸外心脏按压法：胸外心脏按压法是触电者心脏跳动停止后的急救方法。做胸外心脏按压时，应使触电者仰卧在比较坚实的地方，在触电者胸骨中段叩击1～2次，如无反应再进行胸外心脏按压，人工呼吸与胸外心脏按压应持续4～6小时，直至病人清醒或出现尸斑为止，不要轻易放弃抢救，当然应尽快请医生到场抢救。

（4）外伤的处理：如果触电人受外伤，可先用无菌生理盐水和温开水洗伤，再用干净绷带或布类包扎，然后送医院处理，如伤口出血，则应设法止血，通常方法是：将出血肢体高高举起，或用干净纱布扎紧止血等，同时急请医生处理。

2. 中暑后抢救

夏季，在建筑工地上劳动或工作最容易发生中暑，轻者全身疲乏无力、头晕、头痛、烦闷、口渴、恶心、心慌；重者可能突然晕倒或昏迷不醒，遇到这种情况应马上进行急救，让病人平躺，并放在阴凉通风处，松解衣扣和腰带，慢慢地给患者喝一些凉开（茶）水、淡盐水或西瓜汁等，也可给病人服用十滴水、仁丹、霍香正气水等消暑药。病重者，要及时送往医院治疗，预防的简便方法是：平时应有充足的睡眠和适当的营养，工作时应穿浅色且透气性好的衣服，争取早出工，中午延长休息时间，备好消暑解渴的清凉饮料和防暑的药物。

3. 一氧化碳中毒抢救

对一氧化碳急性中毒患者的抢救，首先要及时将病人转移至空气新鲜流通处，使其呼吸道畅通。中毒较重的病人，要给其输氧，促进一氧化碳排出。对已发生呼吸衰竭的患者，要立即进行人工呼吸，直到恢复自动呼吸，再送医院治疗。

4. 亚硝酸钠中毒抢救

虽然亚硝酸钠毒性剧烈，中毒死亡率也较高，但只要抢救及时，方法适当，仍可化险为夷，抢救的办法有以下几种：

（1）迅速洗胃，清除毒物，洗胃一般用1∶5 000的高锰酸钾水冲洗，仰灌或胃管插入均可，同时要用硫酸镁导泻，排除肠道内的毒物。

（2）对轻微中毒患者，可采用高渗葡萄糖加维生素C静脉注射，一般用50%葡萄糖60~100毫升加维生素C 0.5~1克，注入静脉。

（3）血压下降时，可用阿拉明强心剂，但禁用肾上腺素。

（4）对呼吸困难、青紫严重、昏厥休克的严重中毒者，要立即送医院救治。

（六）施工现场应急处理设备和设施

1. 应急电话

急救应急电话以应急救援小组指挥中心电话为主，应急救援小组各组员均配备手提电话，在施工现场均张贴“119”电话的安全提示标志，且张贴报警电话中心平面位置指示符号，以便现场人员了解，在应急时快捷地找到电话拨打报警求救。电话均放在指挥中心室内临现场通道的窗扇附近，电话机旁张贴常用紧急查询电话和工地紧急救援小组人员电话。如救护电话号码为“120”，火灾报警电话为“119”。

2. 急救箱的配备

急救箱的配备以简单和适用为原则，保证现场急救的基本需求，并根据不同情况予以增减，定期检查补充，确保随时可供急救使用。

（1）器械敷料类：消毒注射器（或一次性针筒）、静脉输液泵、心内注射针头两个、血压计、听诊器、体温计、气管切开用具（包括大、小银制气管导管）、张口器及舌钳、针灸针、止血带、止血钳、（大、小）剪刀、手术刀、氧气瓶（便携式）及流量计、无菌橡皮手套、无菌敷料、棉球、棉签、三角巾、绷带、胶布、夹针、别针、手电筒（电池）、保险刀、绷带剪刀、镊子、病史记录、处方。

（2）药物：肾上腺素、异丙基肾上素、阿托品、毒毛旋花子苷水、慢心律、异搏定、硝酸甘油、亚硝酸戊烷、西地兰、氨茶碱、洛贝林回苏灵咖啡因、尼可刹米、安定、异戊巴比妥钠、苯妥英钠、碳酸氢钠、乳酸钠、10%葡萄糖酸钙、维生素、止血敏、安洛血、10%葡萄糖、25%葡萄糖、生理盐水、氨水、乙醚、酒精、碘酒、0.1%新吉尔灭酊、高锰酸钾等。

3. 急救箱使用注意事项

（1）有专人保管，但不要上锁。

（2）定期更换超过消毒期的敷料和过期药品，每次急救后要及时补充。

（3）放置要有一定的合适位置，使现场人员知道。

（七）其他应急设备和设施

（1）由于现场经常会出现一些不安全情况，甚至发生事故，而采光和照明情况可能不好，在应急处理时就需配备有应急照明，如可充电工作灯、电筒、油灯等设备。

（2）由于现场有危险情况，在应急处理时就需有用于危险区域隔离的警戒带、安全禁止、警告、指令、提示标志牌。

（3）有时为了安全逃生、救生需要，最好还能配置安全带、安全绳、担架等专用应急设备和设施工具。

·第五章·

现场作业安全特种设备是关键

第一节　压力容器安全操作技术

一、了解压力容器

1. 定义

压力容器，是指盛装气体或者液体，承载一定压力的密闭设备。贮运容器、反应容器、换热容器和分离容器均属压力容器。

2. 用途

压力容器的用途十分广泛。它是在石油化学工业、能源工业、科研和军工等国民经济的各个部门都起着重要作用的设备。压力容器本体一般由筒体、封头、法兰、密封元件、开孔和接管、支座等六大部分构成。此外，还配有安全装置、表计及完全不同生产工艺作用的内件。压力容器由于密封、承压及介质等原因，容易发生爆炸、燃烧起火而危及人员、设备和财产的安全及污染环境的事故。目前，世界各国均将其列为重要的监检产品，由国家指定的专门机构，按照国家规定的法规和标准实施监督检查和技术检验。

3. 制作工艺

（1）压力容器制造工序一般可以分为：原材料验收工序、划线工序、切割工序、除锈工序、机加工（含刨边等）工序、滚制工序、组对工序、焊接工序（产品焊接试板）、无损检测工序、开孔划线工序、总检工序、热处理工序、压力试验工序、防腐工序。

（2）不同的焊接方法有不同的焊接工艺。焊接工艺主要根据被焊工件的材质、牌号、化学成分、焊件结构类型、焊接性能要求来确定。首先要确定焊接方法，如手弧焊、埋弧焊、钨极氩弧焊、熔化极气体保护焊等。焊接方法的种类非常多，只能根据具体情况选择。确定焊接方法后，再制定焊接工艺参数，焊接工艺参数的种类各不相同，如手弧焊主要包括：焊条型号（或牌号）、直径、电流、电压、焊接电源种类、极性接法、焊接层数、道数、检验方法等。

二、容器破裂爆炸的危害

1. 冲击波及其破坏作用

（1）冲击波超压会造成人员伤亡和建筑物的破坏。

（2）冲击波超压大于0.10MPa时，在其直接冲击下大部分人员会死亡；0.05～0.10MPa的超压可严重损伤人的内脏或引起死亡；0.03～0.05MPa的超压会损伤人的听觉器官或产生骨折；超压0.02～0.03MPa也可使人体受到轻微伤害。

（3）锅炉压力容器因严重超压而爆炸时，其爆炸能量远大于按工作压力估算的爆炸能量，破坏和伤害情况也严重得多。

2. 爆破碎片的破坏作用

（1）锅炉压力容器破裂爆炸时，高速喷出的气流可将壳体反向推出，有些壳体破裂成块或片向四周飞散。这些具有较高速度或较大质量的碎片，在飞出过程中具有较大的动能，也可以造成较大的危害。

（2）碎片对人的伤害程度取决于其动能，碎片的动能正比于其质量及速度的平方。碎片在脱离壳体时常具有80～120米/秒的初速度，即使飞离爆炸中心较远时也常有20～30米/秒的速度。在此速度下，质量为1千克的碎片动能即可达200～450焦，足可致人重伤或死亡。

（3）碎片还可能损坏附近的设备和管道，引起连续爆炸或火灾，造成更大的危害。

3. 介质伤害

（1）介质伤害主要是有毒介质的毒害和高温水汽的烫伤。

（2）在压力容器所盛装的液化气体中，有很多是毒性介质，如液氨、液氯、二氧化硫、二氧化氮、氢氰酸等。盛装这些介质的容器破裂时，大量液体瞬间气化并向周围大气中扩散，会造成大面积的毒害，不但造成人员中毒、致死致病，也严重破坏生态环境、危及中毒区的动植物。

（3）有毒介质由容器泄放气化后，体积增大100～250倍。所形成毒害区的大小及毒害程度，取决于容器内有毒介质的质量、容器破裂前的介质温度、压力及介质毒性。

（4）锅炉爆炸释放的高温水汽混合物，会使爆炸中心附近的人员烫伤。其他高温介质泄放气化也会灼烫伤害现场人员。

4. 二次爆炸及燃烧

（1）当容器所盛装的介质为可燃液化气体时，容器破裂爆炸在现场形成大量可燃蒸气，并迅速与空气混合形成可爆性混合气，在扩散中遇明火即形成二次爆炸。

（2）可燃液化气体容器的燃烧爆炸常使现场附近变成一片火海，造成重大危害。

5. 压力容器事故的预防

为防止压力容器发生爆炸，应采取下列措施。

（1）在设计上，应采用合理的结构，如采用全焊透结构，能自由膨胀，避免应力集中、几何突变；针对设备使用工况，选用塑性、韧性较好的材料；强度计算及安全阀排量计算符合标准。

（2）制造、修理、安装、改造时，加强焊接管理，提高焊接质量并按规范要求进行热处理和探伤；加强材料管理，避免采用有缺陷的材料或用错钢材、焊接材料。

（3）在锅炉使用过程中，加强锅炉运行管理，保证安全附件和保护装置灵活，齐全；加强水质管理，防止产生腐蚀，结垢，相对碱度过高；提高司炉工人素质，防止产生缺水、误判、误操作等现象。

（4）在压力容器使用中，加强使用管理，避免操作失误，超温、超压、超负荷运行，失检、失修、安全装置失灵等。

（5）加强检验工作，及时发现缺陷并采取有效措施。

三、压力容器操作工安全职责

（1）压力容器操作工必须持有劳动部门签发的“压力容器操作证”，才能单独上岗，无证不得独立操作。

（2）熟悉所操作压力容器的技术性能，并能熟悉掌握操作方法，做到精心操作，及时维修，正确保养。

（3）切实执行压力容器操作规程和各项规章制度，确保压力容器的安全经济运行，发现问题及时处理；发现压力容器有异常现象危及安全时，有权采取紧急停炉措施，并及时报告有关部门领导。

（4）对任何有害压力容器安全运行的违章指挥，应拒绝执行。

（5）严格遵守劳动纪律，工作中不做与本岗无关的事，不携带儿童和闲杂人员进入压力容器室，不脱岗，不睡觉，不在班上喝酒、聊天。

（6）做好压力容器的巡回检查，密切监视和调整压力，认真填写各项记录，注意字迹清楚，数字准确，并签名负责。

（7）经常保持压力容器区域范围内和设备的清洁卫生，搞好文明生产。

（8）努力学习压力容器安全技术知识，不断提高操作技术水平。

四、压力容器操作人员教育培训制度

（1）结合本企业特点，落实压力容器操作人员教育培训的管理部门和管理职责。

（2）按照本企业的特点，明确教育培训对象。

（3）制定教育培训的长远目标规划，安排日常的技术培训教育计划并采取措施组织实施。

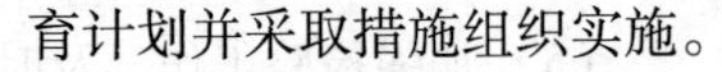

（4）建立操作人员技术档案。

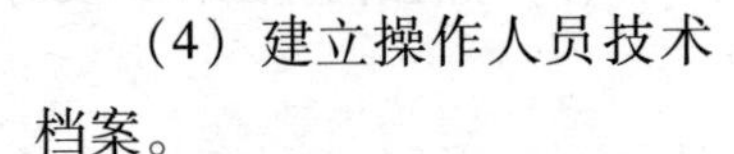

（5）明确压力容器操作人员必须持证上岗、无证不得独立上岗的规定。

（6）定期或不定期组织操作人员的技术练兵、操作表演或竞赛，促进提高操作人员的技术素质、操作水平和排除故障、处理事故的能力。

(7) 认真推广、学习新技术、新操作法。

(8) 组织对操作人员进行压力容器维护保养专业知识的教育，积极推行群众性管理活动。

五、压力容器、管道的日常维护保养制度

压力容器、管道的日常维护保养是保证和延长使用寿命的重要基础。压力管道的操作人员必须认真做好压力管道的日常维护保养工作。

(1) 经常检查压力管道的防护措施，保证其完好无损，减少管道表面腐蚀；

(2) 阀门的操作机构要经常除锈上油，定期进行操作，保证其操纵灵活；

(3) 安全阀和压力表要经常擦拭，确保其灵敏准确，并按时进行校验；

(4) 定期检查紧固螺栓的完好状况，做到齐全、不锈蚀、丝扣完整、联结可靠；

(5) 注意管道的振动情况，发现异常振动应采取隔断振源、加强支撑等减振措施，发现摩擦应及时采取措施；

(6) 静电跨接、接地装置要保持良好完整，发现损坏及时修复；

(7) 停用的压力管道应排除内部介质，并进行置换、清洗和干燥，必要时做惰性气体保护。外表面应进行油漆防护，有保温的管道注意保温材料完好；

(8) 检查管道和支架接触处等容易发生腐蚀和磨损的部位，发现问题及时采取措施；

(9) 及时消除管道系统存在的跑、冒、滴、漏现象；

(10) 对高温管道，在开工升温过程中需对管道法兰联结螺

栓进行热紧；对低温管道，在降温过程中进行冷紧；

（11）禁止将管道及支架作为电焊零线和其他工具的锚点、撬抬重物的支撑点；

（12）配合压力管道检验人员对管道进行定期检验；

（13）对生产流程重要部位的压力管道、穿越公路、桥梁、铁路、河流、居民点的压力管道，输送易燃、易爆、有毒和腐蚀性介质的压力管道，工作条件苛刻的管道，存在交变载荷的管道应重点进行维护和检查。

（14）当操作中遇到下列情况时，应立即采取紧急措施并及时报告有关管理部门和管理人员：①介质压力、温度超过允许的范围且采取措施后仍不见效；②管道及组成件发生裂纹、鼓瘪变形、泄漏；③压力管道发生冻堵；④压力管道发生异常振动、响声，危及安全运行；⑤安全保护装置失效；⑥发生火灾事故且直接威胁正常安全运行；⑦压力管道的阀门及监控装置失灵，危及安全运行。

六、压力容器安全检查制度

压力容器使用单位每月至少一次对在用压力容器进行自行安全检查，包括安全附件、安全保护装置、测量调控装置及有关附属仪器仪表。

安全检查的主要内容包括：

（1）各种规章制度是否健全；是否得到了有效执行；尤其是各级岗位的安全责任是否落实；操作人员和管理人员是否持证上岗；各种记录是否齐全、完整、真实；有无违反规章制度和纪律情况；

（2）压力容器的工作压力、工作温度是否在规定的范围内，安全附件和保护装置、仪表灵敏可靠、无泄漏现象，是否按规定进行了校验、检定；快开门式压力容器安全联锁装置是否符合要求；

（3）设备是否完好，压力容器的本体、接口（阀门、管路）部位、焊接接头等是否有裂纹、过热、变形、泄漏、损伤等，有无安全隐患；

（4）容器外表面有无腐蚀，有无异常结霜、结露等；保温层有无破损、脱落、潮湿、跑冷；检漏孔是否畅通，检漏孔、信号孔有无漏液、漏气；排放（疏水、排污）装置是否完好；

（5）压力容器与相邻管道或者构件有无异常振动、响声或者相互摩擦；支承或者支座有无损坏，基础有无下沉、倾斜、开裂，紧固螺栓是否齐全、完好；罐体有接地装置的，检查接地装置是否符合要求；

（6）安全状况等级为4级的压力容器的监控措施执行情况和有无异常情况；

（7）正常运行的特种设备是否按照要求在定期检验有效期内；

（8）在用压力容器按照技术规范全面检验要求，在安全检验合格有效期届满前一个月向特检机构提出全面检验的要求；

（9）压力容器出现故障或者发生异常情况，使用单位应对其检查，消除事故隐患后方可重新投入使用；

（10）安全检查要有记

录，以便备查；

（11）对违反《压力容器安全技术监察规程》与《特种设备安全监察条例》规定的行为，有权向特种设备安全监督管理部门和行政监察有关部门举报。

七、压力管道安全操作规程

（1）压力管道在使用前做好一切准备工作，落实各项安全措施。

（2）凡操作压力管道的人员必须熟知所操作压力管道的性能和有关安全知识。非本岗人员严禁操作。值班人员应严格按照规定认真做好运行记录和交接班记录，交接班应将设备及运行的安全情况进行交底。交接班时要检查管道是否完好。

（3）压力管道本体上的安全附件应齐全，并且灵敏可靠，计量仪表应经检验合格、在有效期内。

（4）压力管道在运行过程中，要时刻观察运行状态，随时做好运行记录。注意压力、温度是否在允许范围内，是否存在介质泄漏现象，设备的本体是否有肉眼可见的变形等，发现异常情况立即采取措施并报告（压力表、安全阀等要定期手动排放一次，并做出记录）。常规检查项目如下：①各项工艺指标参数、运行情况和系统平稳情况；②管道接头、阀门及管件密封情况；③保温层、防腐层是否完好；④管道振动情况；⑤管道支吊架的紧固、腐蚀和支撑以及基础完好情况；⑥管道之间以及管道与相邻构件的连接情况；⑦阀门等操作

机构是否灵敏、有效；⑧安全阀、压力表、爆破片等安全保护装置的运行、完好情况；⑨静电接地、抗腐蚀阴阳极保护装置完好情况；⑩其他缺陷或异常等。

（5）在热力公司停气又重新供气时，应检查管道及连接的分气缸、阀门等是否完好。送气时，供气阀门应逐渐开大到正常，压力不得超过规定压力。

（6）检修管道时应关闭水气阀门，泄压降温后再作业。作业中人员要避开阀门、管口等，防止烫伤等伤害。

第二节　起重机械安全操作常识

一、了解起重机械

1. 定义

起重机械是指用于垂直升降或者垂直升降并水平移动重物的机电设备，其范围规定为额定起重量大于或者等于 0.5 吨的升降机；额定起重量大于或者等于 1 吨，且提升高度大于或者等于 2 米的起重机和承重形式固定的电动葫芦等。

2. 作用

起重机械是一种空间运输设备，主要作用是完成重物的位移。它可以减轻劳动强度，提高劳动生产率。起重机械是现代化生产不可缺少的组成部分，有些起重机械还能在生产过程中进行某些特殊的工艺操作，使生产过程实现机械化和自动化。

起重机械帮助人类在征服自然改造自然的活动中，实现了过去无法实现的大件物件的吊装和移动，如重型船舶的分段组装、化工反应塔的整体吊装、体育场馆钢屋架的整体吊装等。

起重机械有巨大的市场需求和良好的经济性，近几年起重机械制造行业发展迅速。因为从原材料到产品的生产过程中，利用起重运输机械对物料的搬运量常常是产品重量的几十倍，甚至数百倍。据统计，机械加工行业每生产 1 吨产品，在加工过程中要装卸、搬运 50 吨物料，在铸造过程中要搬运 80 吨物料。在冶金行业每冶炼 1 吨钢，需要搬运 9 吨原料，车间之间的转运量为 63 吨，车间内部的转运量达 160 吨。起重运输费用在传统行业中也占有较高比例，如机械制造业用于起重运输的费用占全部生产费用的 15% ~30%，冶金行业用于起重运输的费用占全部生产费用的 35% ~45%，交通运输行业货物的装卸储存都要依靠起重运输机械，据统计海运费用中装卸费用占总运费的 30% ~60%。

二、起重机械的工作特点

（1）起重机械通常结构庞大，机构复杂，能完成起升运动、水平运动。例如，桥式起重机能完成起升、大车运行和小车运行运动；门座起重机能完成起升、变幅、回转和大车运行运动。在作业过程中，常常是几个不同方向的运动同时操作，技术难度较大。

（2）起重机械所吊运的重物多种多样，载荷是变化的。有的重物重达几百吨乃至上千吨，有的物体长达几十米，形状也很不规则，有散粒、热融状态、易燃易爆危险物品等，吊运过程复杂而危险。

（3）大多数起重机械，需要在较大的空间范围内运行，有的要装设轨道和车轮（如塔吊、桥吊等）；有的要装上轮胎或履带在地面上行走（如汽车吊、履带吊等）；有的需要在钢丝绳上行走（如客运、货运架空索道），活动空间较大。一旦造成事故，影响的范围也较大。

（4）有的起重机械需要直接载运人员在导轨、平台或钢丝绳上做升降运动（如电梯、升降平台等），其可靠性直接影响人身安全。

（5）起重机械暴露的、活动的零部件较多，且常与吊运作业人员直接接触（如吊钩、钢丝绳等），存在许多偶发的危险因素。

（6）作业环境复杂。从大型钢铁联合企业，到现代化港口、建筑工地、铁路枢纽、旅游胜地，都有起重机械在运行；作业场所常常会遇有高温、高压、易燃易爆、输电线路、强磁等危险因素，对设备和作业人员形成威胁。

（7）起重机械作业中常常需要多人配合、共同进行。一个操作要求指挥、捆扎、驾驶等作业人员配合熟练、动作协调、互相照应。作业人员应有处理现场紧急情况的能力。多个作业人员之间的密切配合，通常存在较大的难度。

起重机械的上述工作特点，决定了它与安全生产的关系很大。如果对起重机械的设计、制造、安装使用和维修等环节上稍有疏忽，就可能造成伤亡或设备事故。一方面造成人员的伤亡，另一方面也会造成很大的经济损失。

起重机械作业“十不准”：

（1）未经监督检验、定期检验合格、超过定期检验周期，未经单位组织验收不准作业。

（2）操作人员未经培训、未持证不准作业。

（3）起吊现场没有指挥人员不准作业。

（4）无起重吊装方案、吊装方案未经审批不准作业。

（5）起吊现场周边环境不清、防护不到位不

准作业。

（6）安全保护装置检查不合格不准作业。

（7）制动装置检查不合格不准作业。

（8）吊具检查不合格不准作业。

（9）起吊现场不平坦坚实，起重机支腿未全部伸出、未垫方木不准作业。

（10）六级及以上大风、大雨、大雪、大雾等恶劣天气不准作业。

三、起重机驾驶员岗位责任制

（1）熟悉所操作起重机的用途、装备、保养规则及操作方法。

（2）严格执行安全技术规程。

（3）熟悉使用灭火器的触电急救。

（4）禁止与工作无关的人员上起重机。

（5）起重机运转时，司机不得做与本工作无关的事情。

（6）在主开关接电以前，司机应检视所有控制器是否处于零位，并检视机上是否有闲人。

（7）起重机在每次运转时，必须先发出警告信号。

（8）司机应听从任何人发出的停止手势或信号。

（9）司机必须注意起重机上经常备有完好的橡胶手套、胶靴、干式灭火器、修理时用的电压不大于36伏的手提电灯及其他必要工具。

（10）在操纵起重机时，如突然发现钢丝绳有严重的损坏现象时，必须尽快停车，发出急剧的警告信号，并采取措施检修。

（11）起升、下降及吊运重物时，司机应听从装卸工的指挥。

（12）司机需要离开操作室时，必须先将起重机开到固定的停放地点，并将控制器的手柄扳至零位，切断主开关。

（13）当起重机的运转接近终点时，司机应降低速度。

（14）司机在班终时，必须会同下班司机检查起重机，填写交接班日志。

（15）司机只有在向接班人交班后，才准离开起重机，或在领导允许后方可离开。

（16）对于检修后的起重机，只有得到起重机运转负责人的许可后，方可进行试车并继续使用。

四、起重机交接班制度

起重机工作完毕，交班驾驶员应做到：

（1）将吊钩上升到接近上限位置，停在规定地点，小车停在操纵室一边，各遥控器拨到零位，断开闸刀开关。

（2）交班前应有 15～20 分钟的清扫和检查时间，检查设备的机械和电气部分是否完好，同时做好卫生清洁工作。

（3）详细记录当班工作情况、设备运行情况及设备存在的问题或立即排除故障等。

接班驾驶员应做到：

（1）认真听取上一班司机记述的工作情况和查阅交接班日报记录。

（2）检查起重机操作系统是否灵活可靠和制动器的制动性能是否良好。

（3）固定钢丝绳是否牢靠，卷筒钢丝绳排列是否正确。

(4) 使用前进行空载运行检查，特别是限位开关、紧急开关、行程开关等是否可靠安全。如发现问题，必须修复后方可使用。

(5) 上述检查中，双方认为正常无误后，与交接班人员共同在工作记录上签字，交班人员方可离开。

五、起重机安全技术规程

(1) 每台起重设备，必须经有关部门确认的持有司机操作证的专职司机操作。

(2) 起重机的侧面或其他明显的部位，必须挂有从地面看得清楚的起重量标牌。

(3) 起重机禁止超负荷使用。

(4) 必须处在垂直位置时起升重物，禁止斜拉斜吊。

(5) 禁止起吊埋在地下或冻结在他物上的重物。禁止用吊具（吊钩、抓斗等）拖拉车辆。

(6) 禁止吊具（抓斗、起重电磁铁）与人力同在一车箱内装卸物料。

(7) 起重机工作时，禁止任何人停留在起重机上、小车上和起重机轨道上。

(8) 吊运的重物应在安全通道上运行。在没有障碍的线路上运行时，吊具或重物的底面必须起升到离开工作面 2 米以上。

(9) 在运行线路上需要越过障碍物时，吊具或重物的底面，应起升到比障碍物高半米以上。

(10) 禁止吊运重物从人头上越过，禁止任何人到重物下工作。

（11）禁止利用起重机吊具运送或起升人员。

（12）禁止在起重机上存放易燃（如煤油、汽油等）、易爆物品。

（13）吊具处在下极限位置起升重物时，卷筒上除固定用的钢丝绳外，还应有两圈以上的安全圈。

（14）起升液态金属、有害液体或重要物品时，不论重量多少，均必须先起升200～300毫米，验证制动器工作可靠时再正式起升。

（15）起重机上的制动器如果失灵或没有调好，则禁止工作。

（16）禁止开车碰撞或推动不明情况的邻车。

（17）在正常情况下，不应该依靠各限位开关作为停车之用。

（18）禁止从起重机上往地面扔任何物品。

（19）工具及备品等必须存放在专用箱中，禁止散放在大车或小车上。拆换的旧零件要及时送到地面。

（20）露天工作时门式起重机和装卸桥，桥架高在20米以下时，其工作风力应不大于六级。

（21）露天工作的起重机，不工作时必须用夹轨器或其他固定方法将起重机可靠地固定住，以防风灾。

（22）到起重机上进行检查或修理时，起重机必须断电，并在电源开关处挂上“不准送电”的牌子。多机共用同一电源时，应挂在该起重机的保护配电箱的电源开关上，并应在被修理的起重机两侧设上阻挡器、标志牌和信号灯，必要时设专人守卫和指挥，以防邻机碰撞。

(23) 必须带电修理时，应戴上橡胶手套和穿上绝缘鞋，并必须使用绝缘手柄的工具。

(24) 修理用的照明灯电压在36伏以下。

(25) 有可能产生导电的电器设备的金属外壳必须接地。

(26) 起重机的操纵室中和走台上应备有灭火器。应设有安全绳，以备特殊情况时上、下车。

(27) 每年至少有一次对起重机进行全面的安全技术检查工作。

第三节　厂（场）内专用机动车辆安全操作常识

一、厂（场）内车辆的安全规章制度

(1) 认真贯彻执行国家和上级关于交通安全的方针、政策和法规，模范遵守公司《车辆管理制度》，严于律己，以身作则，并组织具体实施和检查。

(2) 负责公司车辆的养路费、车辆使用税和保险费缴交办理等工作。

(3) 负责每月召开公司驾驶员安全例会，及时发现和消除安全隐患，健全驾驶员安全技术档案、交通事故及机损事故记录、车辆行驶里程记录及维修档案，及时填写各类报表。

(4) 负责核实驾驶员报销费用，按照上传下达的车辆预算费用指标严格控制车辆使用费用。

(5) 贯彻执行交通管理部门和上级有关单位下达的车辆技术管理的方针、政策、规章制度，负责贯彻、传达交通管理部门及上级有关文件精神。

（6）每月组织驾驶员进行安全学习和职业道德教育，提高驾驶员安全意识和思想素质。

（7）负责建立健全车辆安全技术档案，完成公司车辆安全考核指标。负责组织对车辆进行不定期的安全检查，开展驾驶员安全培训，保持车辆性能良好，消除事故隐患。

（8）爱护车辆，遵守劳动纪律，服从调度，牢固树立安全行车的观念，严格遵守交通安全法规，提供文明、礼貌、安全行车服务。

（9）树立良好的职业道德和服务意识，自觉做到勤检查、勤保养，保持车容整洁，保持车况良好，发现故障要及时汇报和排除，不开带“病”车。

（10）积极参加安全教育活动，严格遵守公司各项规章制度，认真做好停放车辆的防盗防抢防破坏措施。

（11）车辆发生交通意外或事故时，应保护现场，等候交警部门处理，并通知车管员和单位领导。

（12）未经公司分管领导的批准，不得把车辆交给非专职驾驶员驾驶。每次出车认真填写《车辆行驶记录表》。

（13）车辆只能在公司指定加油站加油，因工作需要购买燃油的，必须经车辆管理员同意。

（14）驾驶员在交接车辆时，必须检查各自的车辆情况，发现问题及时报告车辆管理员，否则发现损坏由当值驾驶员承担。

（15）严禁无证驾驶车辆和私自出车，违者将给予开除处分。

（16）调派车辆往辖区路段以外地区办事的，必须经公司分管领导批准。

二、机动车辆安全与交通安全规章制度

1. 目的

为了规范公司交通机动车辆、厂内机动车辆和机动车辆驾驶

员的安全管理，预防车辆伤害和交通事故。

2. 适用范围

公司各部门所有交通车辆、厂内机动车辆和机动车辆驾驶员。

3. 管理职能

（1）公司安全生产委员会是公司交通安全管理工作的主管部门，对公司各部门的车辆通行安全进行监督管理。

（2）安委会办公室负责公司机动车驾驶人员、机动车的交通安全管理工作。

（3）营销公司商务支持部门负责营销公司机动车辆驾驶人员和机动车辆的安全管理工作。

（4）设备保障部门负责厂内机动车辆驾驶员和厂内机动车辆的安全管理。

4. 内容和要求

道路交通安全管理内容和要求如下：

（1）机动车辆驾驶员至少应有3年专职驾驶经验，且3年内无交通责任事故记录，经人力资源部考核录用后，报安委会办公室备案，严禁部门私自聘用专职驾驶员行为。

（2）驾驶员在驾车时必须严格遵守《中华人民共和国道路交通安全法》，服从公安交警、运管稽征部门的管理。

（3）驾驶员必须树立良好的职业道德和驾驶作风，遵章守纪，文明行车，按时参加安全学习。

（4）驾驶员在出车前应保持充足睡眠，严禁疲劳驾驶。

（5）任何人不得强迫驾驶员违法、违章驾车；严禁酒后驾车、疲劳驾驶或将车交给无证人员驾驶；严禁交通肇事后逃逸。

（6）驾驶员在出车前应对车辆水箱、润滑系统、制动系统以及轮胎等进行例行安全检查，在出车途中，应确保与有关人员保持通讯联系，及时反馈行车安全情况，遇到突发事件及时报告。

（7）机动车辆使用前，必须向公安交警部门申请登记，领取号牌、行驶证并按规定办齐随车必备的证件。

（8）车辆状况、各项安全技术性能必须保持完好。并按规定进行年检，合格后使用，不得开“病车”上路。

（9）车辆装载的货物必须绑扎牢固。严禁人、货混装。

（10）运输“超长、超高、超宽”的大件或易燃、易爆的危险化学品时，必须办理准运证，采取安全措施，悬挂明显标记，必要时应配有指挥车。

（11）车辆在工地和厂区内部行驶，应按限速标志要求行驶。

（12）车辆应停放在指定的停车地点、场所停放，严禁随意停放。

（13）车辆修复后需试车时，应由持有驾驶证的车辆检验员或指定的正式驾驶员在规定路段试车。

（14）车辆管理部门应每周组织机动车辆驾驶员进行一次安全学习，并定期对车辆进行安全检查。

（15）车辆管理部门应加强对车辆出勤的审批管理，作好出车登记，严禁公车私用。派车时要科学调度车辆，合理安排工作量，严格控制恶劣天气条件下的车辆出行安排。

厂内交通安全管理内容和要求如下：

（1）厂内机动车辆操作人员必须按照国家有关规定，经过专门培训且考核、考试合格，领取厂内机动车驾驶证或特种作业操作证后方准驾驶或操作。

（2）厂内机动车驾驶、操作人员必须遵守下列规定：作业时应携带特种作业资格证，必须戴好安全帽，不准驾驶或操作与证件不相符的设备。驾驶室内不得超额载人，叉车作业不得载人。严禁酒后操作。不得在驾驶或操作时吸烟、嚼槟榔、攀谈或进行其他有碍安全的活动。身体疲劳或患病等有碍安全操作时，不得驾驶或操作。厂内机动车驾驶、操作人员离开本职工作时间超过

6个月，但未满1年的，需继续担任驾驶工作时，应按规定重新复试。如超过1年的，应重新参加考核。

(3) 厂内机动车应按特种设备有关规定进行申报、挂牌和定期检验。

(4) 厂内机动车在工、库房内行驶时时速不得超过5公里/时，在厂区内行驶时不得超过8公里/时。

(5) 特种设备管理部门应建立厂内机动车安全技术管理档案，包括车辆维修使用及事故记录。

(6) 定期开展厂内机动车驾驶员安全教育培训。

交通事故管理内容和要求如下：

(1) 厂内机动车辆发生安全事故后应按规定立即报告本部门领导和安委会办公室，保护好现场，积极抢救伤员，严禁违规、私自处理。

(2) 厂内机动车辆发生安全事故未造成人员伤亡的，由安委会办公室按未遂事故进行调查处理；涉及人员伤亡时，按工伤事故进行调查处理。

(3) 发生交通事故，不论事故大小，都应及时向当地公安交警部门和所在部门领导报告，并及时报告安委会办公室。

(4) 一般道路交通事故的善后处理由事故单位负责处理，以当地公安交警部门的《交通事故认定书》为依据进行调解，无法调解时，由事故单位提出申请，将相关资料移交法务部进入司法处理程序。事故结案后，事故单位应及时向安委会办公室上报《交通事故认定书》、《交通事故损失调解书》以及保险理赔等资料。

（5）重大交通事故的善后处理由公司安委会组织安委会办公室、法务部、人力资源部等有关部门进行处理。

（6）发生机动车辆事故后，必须按“四不放过”原则，查明原因、分清责任，提出处理意见，落实安全防范措施。

三、内燃式叉车的安全操作规程

1. 培训管理

（1）操作人员必须经过考试取得操作证方可操作，并应熟悉本机性能、结构、传动系统，穿戴好防护用品。

（2）设备科对叉车拥有管理、监督的职能。

2. 保养润滑管理

设备使用和管理者对叉车的运转状况和保养润滑起着监督作用，对于日常保养和润滑，设备操纵者应严格按润滑图表进行；对于定期保养和润滑部分，应按照设备科的设备保养计划表来监督是否按照规定时间进行保养和润滑。在维修保养和润滑后，设备管理者应签字确认。

3. 安全操作注意事项

开车前的准备包括：

（1）应检查轮胎是否完好。

（2）检查离合器及制动器踏板的自由行程是否正常，刹车是否灵活。

（3）检查水、润滑油和燃油是否充足，各油、水等管接头是否有渗漏。

（4）检查大灯、小灯、后灯、制动灯、转向灯和喇叭等是否正常。

开车时应注意以下事项：

（1）起步时用慢速挡，刚起步后，应先试验制动器和转向是否良好。

（2）行车变速应先脱开离合器，然后再变换挡位。

（3）前后换向时应使叉车完全停止，方可进行。

（4）下陡坡时应采用慢速挡，同时应断续踩制动踏板，在上坡运行时，也必须调换成慢速挡行驶。

（5）车辆行驶中，应特别注意前方视线，交叉区域，视线受阻的地方要慢行或停止，确认安全后再前进。

（6）转弯时应提前减速，禁止急转弯。

（7）保证安全运行速度，室内 5 公里/时以下，不允许超速行驶。

4. 装卸、堆垛作业注意事项

（1）货叉在规定的负载中心，最大负载不超过本机的规定载额。

（2）根据货物大小调整叉间距离，使货物重且均匀分部在两叉之间。

（3）货叉插入货物时，货架应前倾，货物装入货叉后，货架应后仰，使货物紧靠货架壁，然后才允许行驶。

（4）在进行装卸时，必须使用手制动，使叉车稳定，并且在叉货架下绝对不能有人，同时不得在货叉上乘人起升。

5. 停车后应注意事项

（1）停在安全水平的位置。

（2）拉紧手制动，进退杆置于空挡。

（3）货叉降低到触地。

（4）发动机停机前，急速运转 2～3 分钟。

（5）关闭引擎电源。

（6）清洗车内外污物，检查各部紧固件连接有无松动或渗漏现象。

（7）做好交接班工作。

四、电瓶叉车的安全操作规程

1. 电瓶叉车各项安全要求

检查车辆：

（1）叉车作业前后，应检查外观及电池电压等。

（2）检查液压、刹车系统是否漏油。

（3）检查灯光、喇叭信号是否齐全有效。

（4）叉车运行后还应检查外泄漏情况。

起步：

（1）起步前，观察四周，确认无妨碍行车安全的障碍后，先鸣笛、后起步。

（2）叉车在载物起步时，驾驶员应先确认所载货物平稳可靠。

（3）起步必须缓慢平稳起步。

行驶：

（1）行驶时，货叉底端距地高度应保持 150～400 毫米，门架须后倾，前方有人时，要鸣笛告知。

（2）行驶时不得将货叉升得太高；进出作业现场或行驶途中，要注意上空有无障阻物刮碰；载物行驶时，货叉不准升得太高，影响叉车的稳定性。

（3）卸货后应先降落货叉至正常的行驶位置后再行驶。

（4）转弯时，如附近有行人或车辆，应先发出行驶信号。禁止高速急转弯，高速急转弯会导致车辆失去横向稳定而倾翻。

（5）行驶叉车在下坡时严禁熄火滑行，非特殊情况禁止载物行驶中急刹车。

（6）叉车在运行时要遵守厂内交通规则，必须与前面的车辆保持一定的安全距离，经车间门口、路口时，应做到一慢、二看、三通过；踩、放油门踏板时应做到轻踩、换抬，不可忽踏忽放或连续抖动。

（7）叉车运行时，载荷必须处于不妨碍行驶的最低位置，门架要适当后倾。除堆垛或装车时，不得升高载荷。

（8）载物高度不得遮挡驾驶员视线。特殊情况物品影响前行视线时，倒车时要低速行驶。

（9）禁止在坡道上转弯，禁止在行驶过程中进行升降、前倾操作。

（10）叉车厂区安全行驶速度 5 公里/时，进入生产车间区域必须低速安全行驶。

（11）叉车的起重升降或行驶时，禁止人员站在货叉上把持物品和起平衡作用。

（12）发现问题及时检修和上报，绝不带病作业和隐瞒不报。

装卸：

（1）应按需调整两货叉间距，使两叉负荷均衡，不得偏斜，物品的一面应贴靠挡物架。

（2）禁止单叉作业

或用叉顶物、拉物。特殊情况拉物必须设立安全警示牌提醒周围行人。

（3）在进行物品的装卸过程中，必须用制动器制动叉车。

（4）车速应缓慢平稳，注意车轮不要碾压物品垫木，以免碾压物蹦起伤人。

（5）用货叉叉货时，货叉应尽可能深地叉入载荷下面，还要注意货叉尖不能碰到其他货物或物件。应采用最小的门架后倾来稳定载荷，以免载荷后向后滑动。放下载荷时可使门架少量前倾，以便于安放载荷和抽出货叉。

（6）禁止高速叉取货物和用叉头向坚硬物体碰撞。

（7）叉车叉物作业时，禁止人员站在货叉周围，以免货物倒塌伤人。

（8）禁止超载，禁止用货叉举升人员从事高处作业，以免发生高空坠落事故。

（9）不准用制动惯性溜、放、圆形或易滚动物品。

（10）不准用货叉挑、翻的方法卸货。

离开叉车：

（1）禁止货叉上物品悬空时离开叉车，离开叉车前必须卸下货物或降下货叉架。

（2）停车时要拉紧制动手柄拉。

（3）发动机熄火，停电。（除特殊情况，如驾驶员不离开车辆视线且不超过1分钟）。

（4）拔下钥匙。

停车注意事项：

（1）叉车当天作业完成，要放入指定库房内。

（2）切断车辆总电源并拔下钥匙，拉紧制动手柄。

（3）将叉车冲洗擦拭干净，进行日常例行保养后。

（4）按照要求填写叉车使用和维护保养记录。

2. 操作规程要求

（1）驾驶人员必须经过相关部门考试合格，取得特殊工种操作证，方可驾驶叉车，并严格遵守各项安全操作规程。

（2）必须认真学习并严格遵守操作规程，熟悉车辆性能和操作区域道路情况。掌握维护叉车保养基本知识和技能，认真按规定做好车辆的维护保养工作。定期检查叉车用油、泄漏、变形、松动情况，否则会缩短其寿命，甚至叉车事故发生。检查蓄电池时严禁火花。

（3）严禁带人行驶、高速行驶，严禁酒后驾驶；行驶途中不准饮食和闲谈；不准行驶途中手机通话。

（4）车辆使用前，应严格检查，严禁带故障出车；应调整好座椅位置，便于手脚操作。

（5）运行前要检查刹车系统有效性和电池电量是否充足，如发现缺陷，处理完善后再操作；打开电源前，切勿踩下加速踏板或操作操纵杆、方向开关；检查灯光、喇叭信号是否齐全有效。

（6）搬运货物时不允许用单个货叉运转货物，也不允许用货叉尖端去挑起货物，必须是货叉的全部插入货物下面并使货物均匀地放在货叉上。

（7）叉车操作要平稳、准确，禁止急刹车，急转弯平稳起步，转向前一定要先减速，正常行驶速度不要过快，平稳制动停车

（8）严禁货叉上站人、载人运行。

（9）对于尺寸较大的货物要小心搬运，不要搬运未固定或松散的货物。

（10）定期检查蓄电池电解液，禁止使用明火照明来检查电池电解液。

（11）电源电量不足时（叉车电压表指示低于40伏），禁止继续载货使用，此时应该空车驶到充电机位置给叉车充电。

（12）充电时，先断开叉车工作系统与电池的连接，再将电池与充电机连接，再连接充电机与电源插座，开启充电机。

（13）通常情况下，智能型充电机无需人工干预；若为非智能充电机，则可以人工调整充电机输出电压与电流值，通常电压输出值比电池标称电压高10%即可，输出电流应该设定为电池额定容量的1/10左右。